動手做科學探究

SCIENTIFIC INQUIRY

How the Scientific Method Works

輕鬆運用生活中的材料，
培養提問、設計實驗、邏輯思辨與表達能力。

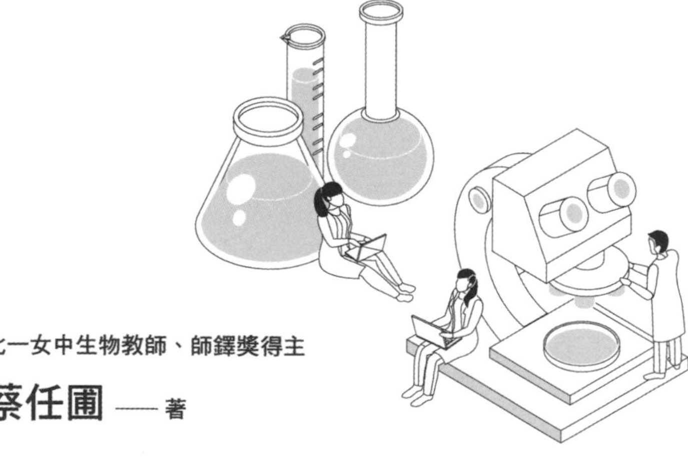

北一女中生物教師、師鐸獎得主
蔡任圃——著

獻給我的妻子吳雅嵐老師，

與其他認真培育人才的科學教育工作者

自序

依邏輯架構，從做中學習

科學探究能力是國家競爭力的基礎，多次教改皆對科學探究能力有著不同的詮釋與期許，但科學探究並不好教，也不好學，這是為什麼呢？科學探究能力的教學並不是只有理論、原則的陳述，而是須透過實際演練來訓練研究設計、實驗操作、邏輯思辨與表達分享等能力，且不同的性質的實作經驗旨在訓練不同的探究能力。簡單的說，科學探究能力是一門「依邏輯架構，從做中學習」的學門。若提供科學知識與實驗設計的原則，卻無法在操作中實踐，會讓學習者知其然而不知其所以然，成為知識的承載者而非創造者；但若讓學習者盲目地進行操作，又會淪落成依指令行事的技術員而非能獨立思考的研究者，依然無法習得探究的技能。因此科學探究能力的訓練，應是在建立理論、學理、規則的基礎上，進行有計畫性、經設計的實驗操作，最後透過歸納結論而分享、批判，與回顧檢討而自省、除錯，慢慢訓練成能獨立思考、邏輯辯證、解決問題、分項共進的科學探究人才。本書期望能提供科學知識與實驗設計原則，同時也提供多個科學探究活動的指引，使學習者可學、做兼備。

本書內容包含四個章節：「實驗設計」、「研究資料的種類、數據的處理與科學圖表」、「動手做科學 - 科學探究活動」與「科學報告的撰寫」，期待能從建立科學探究的基礎概念、知識，到透過實作來演練各種探究技能，最後介紹如何將研究成果撰寫成專業的科學報告，來訓練國小高年級至國中階段的孩子，厚實其科學探究能力。本書的編排與設計具有以下的理念與精神：

一、由簡而難，先實後虛

先透過食譜式的實驗活動，先引導學習者熟悉實驗操作的過程，了解各項工具的特性與限制，也先練習數據的收集、紀錄與整理方法，之後才依不同的任務，探討指定變因與規劃實驗設計，或是自行尋找變因與研究方向。

二、探究不是漫無目標的創意發想，而是精心設計的教學活動

透過預先設計的探索歷程，甚至預先設計相關的變因讓學習者在探究時得出不合理的結論，再透過科學學理上的邏輯思考與辯證，健全學習者的邏輯思辨與解決問題的能力。若無法掌控學習者的探究過程，引導者不易從中給予適當指導，而易流於放牛吃草，不但浪費教學時間，學習者在探究過程可能出現違反科學技能，甚至違反科學精神的想法或做法。

三、按部就班的量化技能訓練

科學探究需以數學工具作為基礎，讓數據為科學探究發聲。在科學探究的課程中，必然需一併訓練數據紀錄、處理、運算、甚至統計等數學技能，但若一開始就使用複雜的式子運算，不但學習者無法理解其原理，也會懼怕複雜難懂的計算而減少探索的動機。本書規劃的科學探究活動，透過操作說明與數據紀錄表的設計，訓練學習者從簡易的數據運算開始練習，並逐漸增加運算的複雜程度。

四、重視探究歷程而非研究結果

科學探究課程的學習，主要發生在科學探究的歷程，而非實驗結果的發現。為了加強探究歷程的教育功能，在探究活動後的問題討論，透過詢問：在實驗操作的過程中，哪一步驟的挑戰最大？你覺得還可以如何改良或設計實驗？等問題，讓學習者自行組織實驗結果與自我檢討，讓學習者能從錯誤中學習，累積自我評估、修正的經驗與能力。

訓練科學探究能力需要精心設計的課程規劃與相對應的教材教法，也需考慮器材與場地的限制。本書期望能提供科學探究所應先建立的基本觀念與知識，再透過多種不同性質的科學探究活動演練各項能力，這些科學探究活動有以下幾個特色：

一、器材容易準備、價格便宜，且操作活動的場地限制小，在教室或家中皆可執行。

二、操作技巧的門檻低，國小學生即能操作，但背後可探討的科學學理可由淺至深，故即使是高中或大學生，亦能作為訓練科學探究的教材。

三、各科學探究活動的主題，皆設計有初階、進階與高階的探究任務，從具體易行的食譜式實驗，逐漸提升至較為複雜、具挑戰的開放性任務。

四、不局限於單一自然科科目的概念，而是橫跨物理、化學、生物，甚至是數學的領域，使科學探究的學習能更加廣泛全面。

五、兼具質性比較與量化分析的訓練，亦練習不同科學表格與圖形的紀錄與繪製，並藉由問題討論，使學習者統整探究的過程與成果，以培訓各種科學探究技能。

六、各科學探究活動後，皆提供相關的科學學理說明，讓師生在探究的過程中，有相關理論與機制的支持，幫助師生在詮釋研究成果時能具有科學學理深度。

科學探究能力的培訓課程，因為所要教授的知識、技能與態度實在博大精深，即使很努力想編寫入本書，仍有許多遺漏、不足。本書期望能拋磚引玉，喚起大眾對科學教育重視，尤其是對下一代科學探究能力的培養。

推薦序

培養獨立研究能力的第一步

龔雍任

12 年國民教育希望能把學生培養成終身學習者，為了達到這個目標，從國小到高中都強調要利用生活情境來教學和評量，各種以「素養導向」為名的課程與題型突然變成最熱門的教育關鍵字。學生想要盡早做出架構良好的獨立研究，而教師需要構思各種建構學生能力的課程，不過我們大家都準備好了嗎？

身為在 12 年國教裡擔任最後一棒的高中生物老師，我必須承認，高中自然科老師在面對這個史無前例的任務時，除了要自己設計課程與教材，還要跨科授課以及符合科學素養等各項挑戰，許多人是手足無措的。另一方面，高中生雖然已經學了 9 年的自然科學，但是問問他們「你有辦法自己設計一套研究流程，以解決某個疑問嗎」，大部分人也是搖搖頭。台灣的教育理念持續進步，讓人欣喜且自豪，但我們真的很需要先行者給予大家一個範例、一個方向，讓大家可以站在他的肩膀上看得更遠、走得更穩。這個時候，還好我們有蔡任圃老師。

蔡任圃老師（a.k.a 艦長）是我加入師大生物系林金盾教授實驗室時認識的學長，還記得他為了探討各種參數對於蟑螂觸角擺動模式的研究，利用瓦楞紙板自製蟑螂觀測儀器，以紙門控制燈光、空心保麗龍作為跑步機，建構出這個設計起來可能要數萬元的裝置，讓我在心中默默稱他為「實驗裝置的魔術師」。然而，這僅不過是蔡老師的初啼之聲，成為高中老師之後，他持續利用各種手邊容易取得的材料，透過精確的學理作為基礎，設計出一個又一個有趣且極具探究意義的實驗，集結起來便成為這本寶典。

此書適合國小生閱讀，可以從小建構起正確的研究觀念，並用許多生活化的手做小實驗充實暑假與社群時間；此書適合國中生，結合理化、生物與地科的各種實驗，不僅可以配合初階、進階及開放性的探究活動一層一層深入核心，甚至可以以此為基底發展出自己的研究方向；此書也適合高中生，每個看似簡單的活動背後都有不簡單的科學原理剖析，可以從中找到喜歡的關鍵字，上網查資料並爬梳成完整的科普文章，寫出條理清晰的小論文作為自主學習的成果；此書更適合老師參考，不管是科學社群（社團）活動、科學文本補充、跨科探究與實作的演練或是多元選修課程、微課程、校本課程的設計，這本書稱為寶典絕非言過其實。

我認識蔡老師，我相信他不僅是想讓這本書變成孩子的課本、老師的教材，他更想讓此書成為打火機，讓每個看到此書的人都被啟發並且熊熊燃燒。這本書裡有各種有趣的實驗、精準正確的學理探索，更有蔡老師對於科學研究的滿腔熱血。期待大家跟隨艦長的腳步，一起動手做科學探究，厚植台灣的科學研究實力！

本文作者為臺中市立臺中一中生物科教師兼任第五屆、第十二屆科學班導師

CONTENTS

實驗設計：
以邏輯辯證的方式證明特定因子的效應

科學研究有時是以觀察、紀錄的方式，紀錄研究對象的性質與變化，找尋其規則或規律，並嘗試預測未來可能的變動。但進行科學研究最常見的方式，是以實驗設計的方式，探討特定因子的效應，什麼是實驗設計呢？

一、實驗設計

實驗設計是以邏輯辯證的角度，設立實驗組與對照組等組別，並透過實際操作、收集數據、資料比對等過程，驗證實驗組與對照組之間是否具有差異，以探討這個差異的發生是否與特定因子有關係。我們先來看看以下的例子：

小強想要研究蟑螂是否喜歡喝糖水，準備了 10 隻蟑螂放在同一飼養箱內。他在周二早上 8 點到 9 點期間，於蟑螂飼養箱內放了一小杯糖水作為實驗組，且紀錄了蟑螂共有 6 次喝糖水的行為；隨後在周五晚上 10 點至 11 點期間，於蟑螂飼養箱內放了一小杯清水作為對照組，且紀錄了蟑螂共有 9 次喝糖水的行為（圖一）。小強依據以上的數據，提出「相對於清水，蟑螂不喜歡喝糖水的結論」。

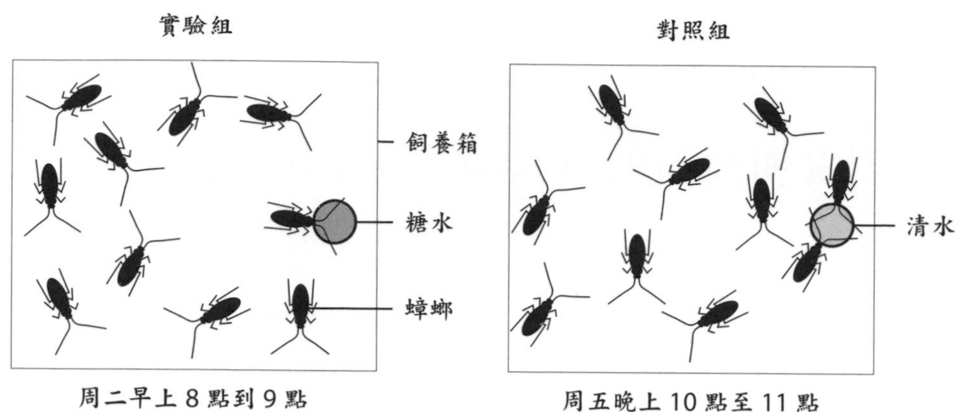

圖一　小強探討「蟑螂是否喜歡喝糖水」的實驗設計。

想一想，小強的結論是否妥當？

小強的實驗設計中，其實包含了許多他沒有想到的因子在干擾蟑螂的行為，舉例如下：

（一）實驗組與對照組相隔數天，蟑螂可能因飢餓或口渴狀態的改變，而影響對清水或糖水的選擇。周二時蟑螂可能是吃飽喝飽的狀態，所以較無喝飲料的意願，但到了周五，蟑螂又餓又渴，所以增加了喝清水的意願。

（二）實驗組與對照組相隔數天，蟑螂可能因生長、衰老或死亡的改變，影響實驗數據。周二時 10 隻蟑螂可能仍處於若蟲階段（還沒長大的小時候階段），但到了周五時，可能有部分個體已經羽化成成蟲了，或是部分個體已經死亡；若蟲與成蟲間可能會因食性偏好不同而影響的實驗的結果，或是因個體死亡而減少個體數量，進而影響取食的次數。

（三）實驗組是在早上進行觀察，而對照組相是在晚上進行觀察。蟑螂是夜行性的昆蟲，蟑螂在早上的活動力較低，晚上時的活動力較高；因此，喝糖水的次數較少，可能只是蟑螂正在休息，不願意移動。

（四）蟑螂在週二喝了糖水，可能會影響周五對清水的選擇。此外，小杯子裝過糖水，可能留下糖水的氣味，因此蟑螂在周五會來取食清水，可能是被糖水的氣味吸引而來；蟑螂也可能因喝過糖水，學會了飼養箱中的小杯子會承裝糖水，故看到小杯子時，就以為是糖水而靠近取食。

二、變因的種類與定義

由小強的實驗設計可知，實驗組與對照組的正確設立是非常重要的，若要妥當設立實驗組與對照組，就必須先了解什麼是變因。

變因的種類可分為「控制變因」、「操縱變因」、「應變變因」，各種變因的定義與說明如下：

（一）控制變因（又稱控制變數）：進行實驗時，實驗組與對照組間皆保持固定不變的變因，換句話說，就是實驗組與對照組間除了要探討的因子外，其他所有的因子皆須儘量保持一致，因此控制變因的種類非常多。

（二）操縱變因（又稱自變數）：實驗目的所要探討的特定因子，以上述的小強實驗為例，操縱變因就是糖水中的糖。一般而言，操縱變因的項目只有一個，以方便比對單一因子所產生的效應。

（三）應變變因（又稱應變數）：因實驗組與對照組間的操縱變因不同，所產生的效應。以上述小強的實驗為例，操縱變因就是蟑螂取食的次數。應變變因的種類可以有很多種，但通常會選擇比較容易操作或比較具有代表性的項目，以小強的實驗為例，應變變因也可以是：蟑螂取食飲料的體積或質量，或是取食的總和時間等。

三、實驗組與對照組的種類與定義

實驗設計是不是都是設立一組實驗組與一組對照組呢？

依據實驗的需要，與探究之操縱變因的性質，實驗組與對照組各自的數量是不一定的。若為一組實驗組與一組對照組的實驗設計，通常所探討的操縱變因較為單純，應變變因的變化也較為單純。若是所探討單一操縱變因有程度的差異，實驗組可依序設立多個組別，例如：若想探討蟑螂取食糖水的偏好，實驗組可設立不同濃度的糖水，形成多個組別的實驗組。另一方面，有時會同時探討多種性質相關的操縱變因，例如：探討蟑螂取食不同種類之糖水的偏好，實驗組可設立同一濃度的葡萄糖溶液、果糖溶液、蔗糖溶液等；這些不同的糖液，雖然性質相關（皆為糖液），但彼此間屬於不同的操縱變因。

實驗組可能可設立多個組別，那對照組也可以設立多個的組別嗎？

為了增加實驗的邏輯辯證性的嚴謹程度，有時會設立多組對照組，這些對照組的種類與功能說明如下：

（一）陽性對照組：一定會出現預期結果的組別

（二）陰性對照組：一定不會出現預期結果的組別

（三）空白對照組：不具「操縱變因」的組別

以上述的小強實驗為例，若之前的研究已經發現蟑螂喜歡取食沙拉油，也發現蟑螂不喜歡取食強酸溶液，在探討蟑螂是否偏好取食葡萄糖溶液的實驗設計中，可設立 4 個小杯子，1 杯裝沙拉油，1 杯裝強酸溶液，1 杯裝清水，1 杯裝葡萄糖溶液，其中沙拉油組為陽性對照組，強酸溶液組為陰性對照組，清水組為空白對照組，葡萄糖溶液為實驗組。依據設立陽性與陰性對照組的預期結果，應該會發現蟑螂取食沙拉油的次數較多，取食強酸溶液較少，若實驗的結果確實是如此，代表該實驗的設備架設、觀察與測量、數據分析與計算等過程皆在掌握之中，如此空白對照組與實驗組的實驗結果的可信度較高。若陽性或陰性對照組出現了非預期內的結果，代表實驗的操作過程有問題，可能還有其他沒考慮到的變因在干擾，所以空白對照組與實驗組的實驗結果，其可信度就不足了。

雖然另外設立陽性或陰性對照組，可增加實驗的邏輯辯證嚴謹程度，但一般的科學研究，考量材料與時間成本，常常僅以空白對照組與實驗組的實驗設計進行研究，即使如此，仍需仔細思考是否已考慮到所有的控制變因，以及空白對照組與實驗組間是否僅有一個操縱變因在影響應變變因。

四、取樣數要夠多才有代表性

全世界的蟑螂這麼多隻，小強飼養箱中 10 隻蟑螂的行為表現可以代表全世界的所有蟑螂嗎？似乎是不行！必須收集更多隻蟑螂的數據資料，才能增加實驗結果的代表性，此時就要思考如何增加實驗的取樣數了。

取樣數是指實驗過程中，你所取得的實驗數據共有幾筆。以紀錄蟑螂取食糖水的次數為例，紀錄 10 隻蟑螂之行為表現的實驗結果，其代表性就不如紀錄 1000 隻蟑螂的行為表現。有時在手上沒有這麼多隻蟑螂的情形下，可每周觀察同一批 10 隻蟑螂的行為表現，共觀察 10 周，如此就有 10×10 ＝ 100 筆的數據資料。但在情況允許時，應以增加實驗動物的個體數為修先選擇，因為個體數越多，其實驗結果越能代表全世界的蟑螂。

五、課後探究練習

若小強最後修改成以下實驗設計：準備 100 隻年齡、大小相近的雄性成蟲蟑螂，每 10 隻裝入同一飼養箱內，各自做上記號，共有 10 個飼養箱。斷絕食物、飲水 7 日後，在晚上 8 點同時在 10 個飼養箱各自放置清水、1%蔗糖溶液、10%蔗糖溶液（圖二）三個小杯子，並分別錄影紀錄 2 小時後，分析影片中每隻蟑螂取食各個小杯子的次數與時間，最後比較蟑螂對清水、1%蔗糖溶液、10%蔗糖溶液的偏好。請依小強的實驗設計，回答下列問題。

（一）實驗組與對照組各為何？操縱變因與應變變因又各為何？

（二）針對這個主題，還能如何設計實驗組與對照組？還有其他適合的應變變因嗎？

（三）觀察 100 隻蟑螂的行為表現可獲得 100 筆數據，10 隻蟑螂各實驗 10 次也能獲得 100 筆數據，何者實驗結果較具代表性？為什麼？

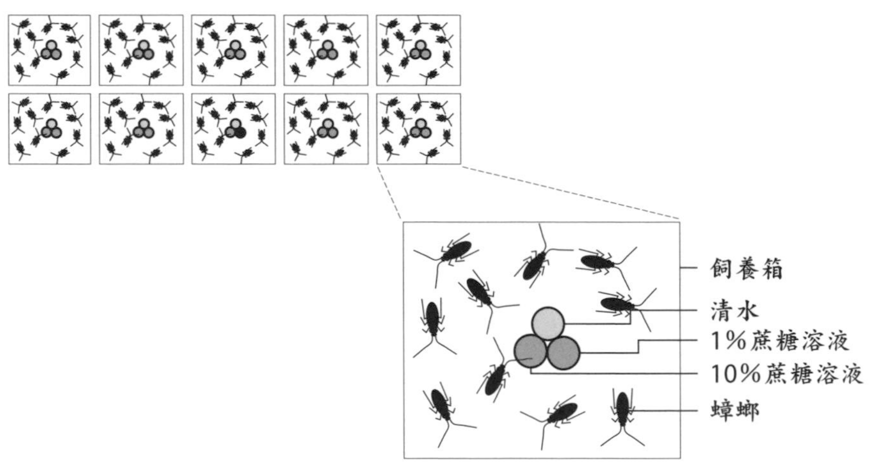

圖二　小強探討「蟑螂對清水、1%蔗糖溶液、10%蔗糖溶液的偏好」的實驗設計。

研究資料的種類、數據處理與科學圖表

一、研究資料的種類

科學研究包含了觀察紀錄與測量數據，所以實驗結果就包含了「質性描述」與「量化分析」兩種研究資料。「質性描述」是指以文字或繪圖方式，描述觀察對象的外型特徵、變化情形、特性本質或相互比較的紀錄，例如：蟑螂有兩對翅膀、A 蟑螂的顏色比 B 蟑螂深、蟑螂若蟲羽化後會從沒有翅膀轉變成具有翅膀⋯⋯。「量化分析」是指經由測量或計算，可獲得數據（有數字的資料），這些數據可進一步進行運算（如計算平均值），例如：雄性成蟲蟑螂的體長平均值為 3.5 公分、某班級的每位學生每節上課平均會發問 2.5 次、我養的獨角仙有 3 隻公的 5 隻母的⋯⋯。

一個完整的科學研究，實驗的證據常常同時包含「質性描述」與「量化分析」兩種研究資料，本書的各科學探究任務，有些著重在「質性描述」的紀錄練習，有些著重在「量化分析」的數據測量與分析，對於科學探究與解決問題而言，兩種研究資料的建立都是重要的，所以「質性描述」與「量化分析」的技巧都需要好好練習。

二、數據資料的種類

「量化分析」所得的數據資料可再分為兩種：「連續資料」與「非連

續資料」。「連續資料」是指不同的數值之間仍有無限多個數值，例如：鉛筆的長度有 10 公分與 11 公分，但兩個數值之間，還有 10.02 公分、10.0234510455542 公分等，這樣的數據就屬於「連續資料」。但有些數據資料的數值之間可能有限制，兩個數值之間並無中間值，例如：某一時間範圍內，紀錄到甲森林中有 32 種鳥，乙森林中有 86 種鳥，這些鳥類的種類皆為整數，不可能會紀錄到丙森林有 40.568 種鳥這種數據，這樣的數據就屬於「非連續資料」。雖然所紀錄的「非連續資料」數據皆為整數，但若計算平均值後，就可能出現含小數的數據了，例如：在甲森林中第 1、3、5 天時，各自紀錄到 30、32、29 隻鳥，代表在觀察紀錄的期間，甲森林平均有 30.3 隻鳥。

在實驗設計中有各種變因需要考量與紀錄，同一變因中的不同情形稱為不同的「變數」，例如：溫度這個變因中，實驗設計了 0℃、20℃、40℃、60℃等不同的組別，這 4 個溫度就是溫度此項變因中的 4 個變數。「變數」依其性質可分為「等距變數」與「類別變數」，「等距變數」是指各變數之間具等差或等比上的關係，例如：配置濃度為 0.2、0.3、0.4、0.5、0.6％的蔗糖溶液，或 10^{-6}、10^{-5}、10^{-4}、10^{-3} M 的蔗糖溶液（M 是體積莫耳濃度，是一種濃度的單位）。「類別變數」是指各變數之間不具等差或等比上的關係，例如：實驗設計分為雄蟑螂與雌蟑螂兩組（性別）、夏季與冬季兩組（季節）等，性別或季節皆是屬於類別，組別間互為獨立關係。

三、數據的呈現方式

「量化分析」所得的數據資料，常常是紀錄或測量所得的多筆數據，在呈現數據時應作適當處理，不能直接將原始數據呈現，因為從原始數據中不容易直接比較出重要的規則、趨勢，需透過數據處理後，以適當方式呈現。

數據資料最常使用的呈現方式，是呈現其「平均值」、「變異程度」與

「取樣數」，由「平均值」的比較可知不同組之間的數值大小關係，而「變異程度」是呈現同一組數據中，數值是比較集中還是比較分散，「取樣數」即是所收集的資料筆數。若調查某公司男性與女性員工的體重，各調查了 10 名受試者，並將數據計算平均值後紀錄於表一，由平均值可知男性員工的體重高於女性。除此之外，男性員工的體重分布比較集中，大多數男性員工的體重都接近 80 公斤，但女性員工的體重分布非常分散，從 36 公斤到 89 分都有；像這樣不同數據間有數值集中與分散的不同程度，就是具有不同的「變異程度」；在此例子中，「取樣數」在男性與女性員工皆為 10。

表一　某公司男性與女性員工的體重（公斤）。

編號	男性	女性
1	80	40
2	79	80
3	80	36
4	79	80
5	81	77
6	81	70
7	83	45
8	77	66
9	82	77
10	78	89
平均值	80	66

要如何呈現一群數據的「變異程度」呢？首先，當算出一群數據的平均值後，每個數據皆會與平均值間產生差值，這個差值稱為「偏差」。有些數據的數值比平均值大，其偏差就為正值，若數據的數值比平均值小，其偏差就為負值。表二是以某公司男性與女性員工的體重，進而計算出每位員工體種的偏差，可注意到女性員工因為體重的「變異程度」大，所以偏差的數值也偏大。

表二　某公司男性與女性員工各樣本的體重與偏差。

性別	男性		女性	
編號	體重	偏差	體重	偏差
1	80	0	40	-26
2	79	-1	80	14
3	80	0	36	-30
4	79	-1	80	14
5	81	1	77	11
6	81	1	70	4
7	83	3	45	-21
8	77	-3	66	0
9	82	2	77	11
10	78	-2	89	23
平均	80		66	

由於偏差有正值也有負值，且相加後的總合為 0，為了呈現整體偏差的數值大小，可先計算每個偏差的平方值，使其皆成為正值，再計算其平均值，此數值稱為「變異數」或「方差」。但要特別注意一點，若數據是全部研

究對象的資料（母數），計算變異數可直接將偏差平方值總和除以母數數量即可計算出均值；但若數據是來自取樣而來的樣本，而不是全數的研究對象，計算變異數時是將偏差平方值總和除以（取樣數 -1）。

計算全部（母數）的數據：變異數（方差） $= \sigma^2 = \frac{1}{n}\sum_{i=1}^{n}(X_i - \text{平均值})^2$

計算取樣而來（樣本）的數據：變異數（方差） $= s^2 = \frac{1}{n-1}\sum_{i=1}^{n}(X_i - \text{平均值})^2$

「標準偏差」常稱為「標準差」，是最常用來呈現「變異程度」的指標，「標準差」的計算方式，是取「變異數」的平方根即可得。由於依據數據是來自母數或是樣本，變異數有不同的算法，故標準差就有以下兩種算法：

計算全部（母數）的數據：標準差（σ） $= \sqrt{\sigma^2} = \sqrt{\frac{1}{n}\sum_{i=1}^{n}(X_i - \text{平均值})^2}$

計算取樣而來（樣本）的數據：標準差（s） $= \sqrt{s^2} = \sqrt{\frac{1}{n-1}\sum_{i=1}^{n}(X_i - \text{平均值})^2}$

以上所介紹標準差的計算方式看起來很繁瑣，當你有數據需要計算標準差時，可利用數據處理軟體協助計算，不需要以紙筆徒手計算。以 Microsoft Office 的 Excel 為例，當數據填入資料表後，游標點選適當的方格位置，再點選工具列中的「插入函數」（即為 fx）（圖一中的圈圈），在出現的表單中選取 AVERAGE（圖一中的箭頭），或是在該表單中利用搜尋功能尋找計算平均值的函數。標準差的計算亦為如此，游標點選適當的方格位置，再點選工具列中的「插入函數」（即為 fx）（圖二中的圈圈），在出現的表單中選取 STDEV（圖二中的箭頭），或是在該表單中利用搜尋功能尋找計算標準差的函數。透過以上的操作，就能快速的計算出平均值與標準差了。

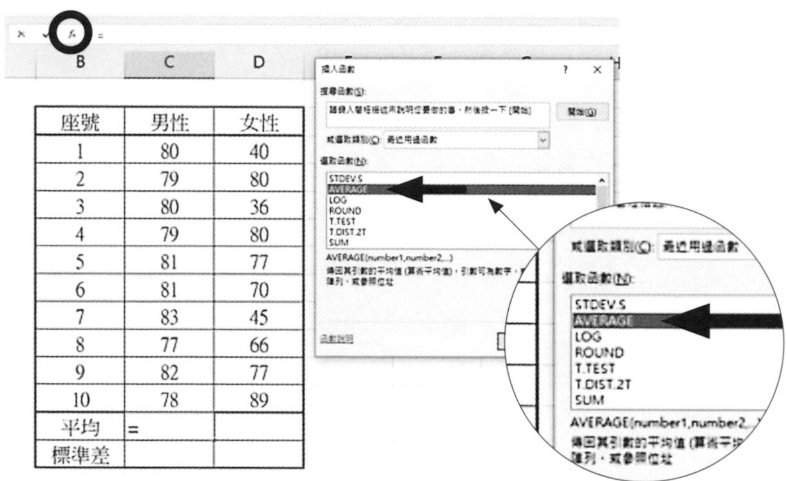

座號	男性	女性
1	80	40
2	79	80
3	80	36
4	79	80
5	81	77
6	81	70
7	83	45
8	77	66
9	82	77
10	78	89
平均	=	
標準差		

圖一　在 Excel 軟體中計算平均值的方式。

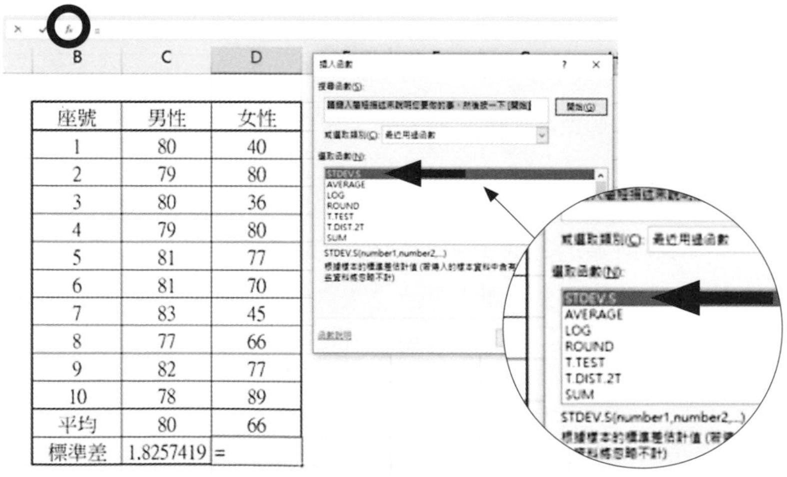

座號	男性	女性
1	80	40
2	79	80
3	80	36
4	79	80
5	81	77
6	81	70
7	83	45
8	77	66
9	82	77
10	78	89
平均	80	66
標準差	1.8257419	=

圖二　在 Excel 軟體中計算標準差的方式。

數據資料的「平均值」、「變異程度」與「取樣數」要如何呈現呢？在撰寫科學報告時，除了以圖形呈現實驗數據，若是以文字呈現，通常會用以下的格式表示：

平均值 ± 標準差（n ＝ 取樣數）

例如：雄性蟑螂的體重＝ 0.89 ± 0.06 公克（n ＝ 10），雌性蟑螂的體重＝ 1.04 ± 0.07 公克（n ＝ 15）。

四、以科學圖表呈現實驗數據

除了以文字方式描述，實驗的數據資料較常以圖形或表格的方式呈現，能更容易地比較其實驗結果的規則或趨勢。呈現科學研究成果的圖形，常用的有「柱狀圖（直條圖）」、「折線圖」、「XY 分布圖」等，無論是哪一種圖形，圖中的橫坐標皆是呈現所探討的因子（操縱變因），縱坐標皆是呈現所測量的效應（應變變因）；換句話說，科學圖形的呈現方式，皆是探討某項變因（橫坐標）對所測量的指標（縱坐標）所造成的效應。以下分別介紹「柱狀圖」、「折線圖」與「XY 分布圖」的性質與適用情形。

（一）柱狀圖（直條圖）

柱狀圖（直條圖）是以柱狀圖形的長度呈現數值，可直接比較不同組的數值大小。例如：雄性蟑螂的體重＝ 0.89 ± 0.06 公克（n ＝ 10），雌性蟑螂的體重＝ 1.04 ± 0.07 公克（n ＝ 15），可用圖三的柱狀圖呈現，柱狀圖形的長度代表體重的平均值，柱狀圖形上的 T 形線段長度代表標準差的大小；此圖即為探討性別因子（橫坐標）對體重（縱坐標）的效應。

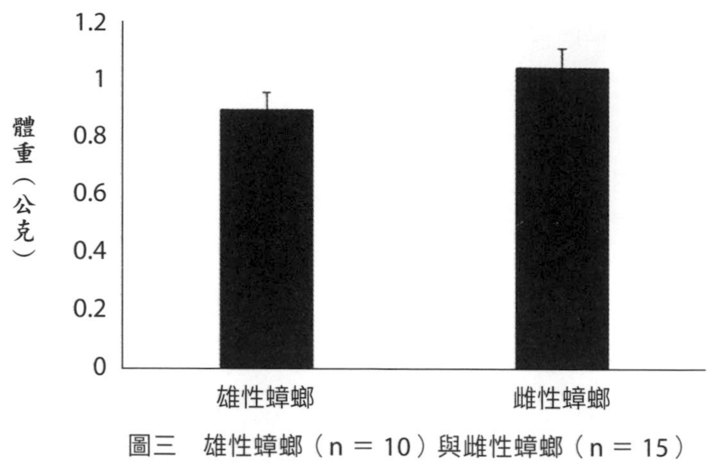

圖三　雄性蟑螂（n ＝ 10）與雌性蟑螂（n ＝ 15）的體重（公克，平均 ± 標準差）。

（二）折線圖

若希望能呈現應變變因在不同組別間的變化趨勢，可用折線圖，此為在每組的數據以圓形或方形等標記呈現，標記間以線段連接的圖形。以探討蟑螂在不同溫度時的心跳率變化為例，表三為不同溫度下所測得的蟑螂平均心跳率與標準差，標記的高度代表平均值，標記上下的 T 形線段長度代表標準差的大小；這樣的數據可用柱狀圖（直條圖）呈現，但也能用折線圖呈現（圖四），以突顯其變化趨勢。

表三　在不同溫度下，蟑螂的平均心跳率。

溫度（℃）	10	20	30	40	50
平均值	43.3	55.1	78.7	101.6	65.7
標準差	13.2	15.6	14.3	14.3	21.3
取樣數	10	10	10	10	9

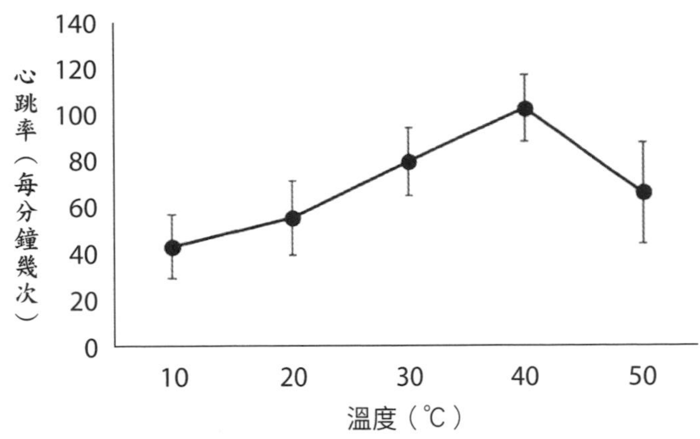

圖四　蟑螂在不同溫度下的平均心跳率（次／分鐘，平均 ± 標準差，n ＝取樣數）。

要特別注意的是，不是所有數據都能用折線圖呈現，若橫軸的操作變因屬於「類別變數」，也就是非連續性的變數，例如：不同性別、不同藥劑等，由於操縱變因間沒有連續關係（雄與雌之間沒有其他變數，不同藥劑之間也是），所以其數據的標記間不可用線段連接。以「探討不同藥劑對人體心跳率的影響」為例，表四為實驗結果，由於操縱變因屬於「類別變數」，可用柱狀圖呈現，或是用標記間不連線的方式呈現，但不可用標記間有連線的折線圖呈現（圖五）。

表四　不同藥劑對人體心跳率的影響。

	實驗組			對照組
注射物	藥物 A	藥物 B	藥物 C	生理實驗水
平均	73.6	96.6	45.8	72.2
標準差	7.8	5.6	6.4	4.2

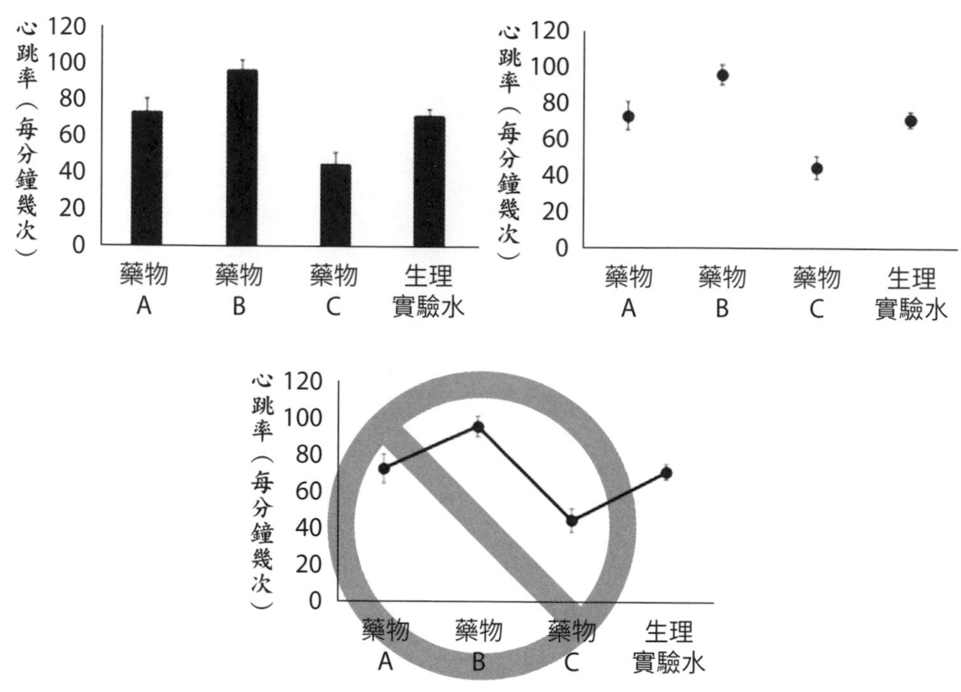

圖五　錯誤的折線圖範例。橫軸的操作變因屬於「類別變數」時，不可用折線圖呈現。

（三）XY 分布圖

若橫軸的操作變因確定不是屬於「類別變數」，變因之間具有連續關係，除了以折線圖方式呈現外，也能用 XY 分布圖呈現。XY 分布圖與折線圖很像，差異在於橫軸必須是「等距變數」，也就是需具有等差或等比上的關係，其目的是為了透過數據標記在 XY 分布圖上的分布，藉此劃出趨勢線或切線等其他的輔助線，因此對於橫軸與縱軸上的坐標，必須精準的繪製。以「不同溫度下所測得的蟑螂平均心跳率」（表三）為例，若只考慮 10 至 40℃的範圍內的數據變化，並以

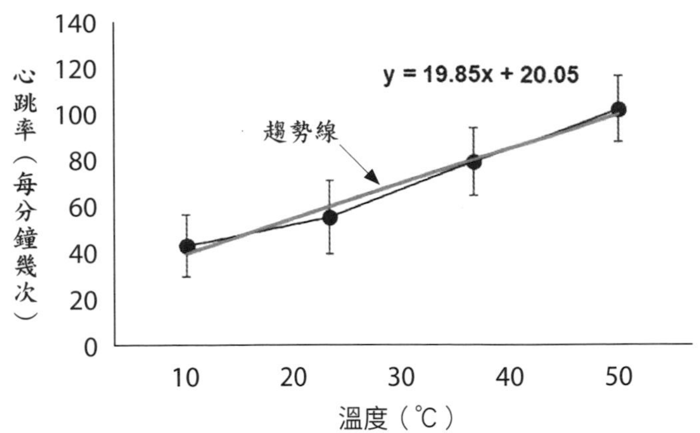

圖六　蟑螂在 10 至 40℃不同溫度下的平均心跳率（次／分鐘，平均 ± 標準差，各組取樣數皆為 10）。

XY 分布圖繪製（圖六），則可繪製趨勢線，並依此計算出趨勢線的方程式，以歸納出數據的變化趨勢，甚至可用來預設其他情形下的數據變化。

五、課後探究練習

某位科學家研究「注射藥物 A 與藥物 B 對蟑螂心跳率的效應」，他分別注射 0、0.01、0.1 % 藥物 A 與藥物 B 至蟑螂的體腔內，並計算蟑螂的心跳率，紀錄在表五。請依據此實驗結果，回答下列問題：

（一）此實驗設計中，對照組為何？

（二）請計算並填入每一組的平均值與標準差。

（三）請將該研究的實驗數據，繪製成適當的科學圖形。

表五 注射藥物 A 與藥物 B 對蟑螂心跳率之效應的實驗紀錄。

	藥物 A			藥物 B		
蟑螂編號	0%	0.01%	0.1%	0%	0.01%	0.1%
1	70	77	85	65	59	53
2	66	73	80	61	55	49
3	59	66	73	69	62	56
平均值						
標準差						

01 探究任務 BMI 大比拼與跳動的銅板

研究調查主題

什麼是取樣？為何取樣越多越好？為何要計算平均？

任務提示

如果你要描述科學現象，請用數字來描述（If you want to say something, Say it IN Number）！科學探究非常依賴數據的收集、整理與呈現。這一關的任務，是透過調查身高與體重等數據，練習數據的收集與整理，透過計算平均後，比較不同因子對人體肥胖程度的影響。

在執行研究調查的過程中，也學習什麼是取樣？取樣的數量有何意義？為何在科學研究中，取樣越多越好？

初階觀察與探究　身高體重指數的調查與比較

活動前準備

1. 器材與工具：體重計、身高量尺、計算機。
2. 本活動需測量身高、體重，亦可直接以調查的方式紀錄。若無法收集足量的身高體重資料，本任務也有提供數據範例，可供探究任務的進行。

原理簡介

1. 身高體重指數

身高體重指數（Body Mass Index）簡稱 BMI，是一個常用的人體肥胖程度指標，BMI 的計算方式，是將體重除以身高的平方，其中體重與身高分別是以公斤與公分作為單位。

$$BMI = \frac{\text{體重（公斤）}}{\text{身高（公尺）} \times \text{身高（公尺）}}$$

舉例來說，某位同學的身高 150 公分（也就是 1.5 公尺），體重 45 公斤。經下列的計算可得知這位同學的 BMI 為 20。

$$BMI = \frac{45\text{（公斤）}}{1.5\text{（公尺）} \times 1.5\text{（公尺）}} = \frac{45}{2.25} = 20$$

BMI 可作為人體肥胖程度指標，依據衛生福利部國民健康署的建議：若 BMI 小於 18.5，代表這個人體重過輕；若 BMI 等於或大於 24，則代表這個人體重過重，甚至到肥胖的程度。BMI 數值所代表的意義可以對照表一中的資料。但要特別注意！肥胖程度的判斷另外還有腰圍大小、體脂肪含量等其他的指標，醫師診斷是否罹患肥胖症，會同時評估多種指標，BMI 數值只是肥胖的程度的指標之一。在進行科學探究不可用 BMI 數值去取笑調查對象，或是自行解釋數據的意義，那不是科學探究該有的嚴謹態度，而是不專業的行為唷。

表一　BMI 數值與代表的意義

BMI 數值	肥胖程度
小於 18.5	體重過輕
等於或大於 18.5，小於 24	健康體位
等於或大於 24，小於 27	過重
等於或大於 27，小於 30	輕度肥胖
等於或大於 30，小於 35	中度肥胖

2. 什麼是取樣

若想瞭解自己的肥胖程度，可直接計算自己的 BMI 數值就可判斷。但如果是要比較兩群不同族群的 BMI，通常無法以一個人與另一個人的 BMI 數值比較，例如：若想比較全世界國小六年級的學生中，男生與女生的 BMI 是否一樣，無法只用一個男生與一個女生的 BMI 相比， 因為一個小六的男生的數值無法代表全體小六男生的，女生亦是如此。

最好的方式，是調查全世界每個小六學生的身高、體重，再各自記算男生與女生的 BMI，最後比較男生與女生的平均 BMI 數值，就可獲得解答。但是要調查全世界的小六學生十分困難，所以科學家常用取樣（sampling）的方式獲得數據。

取樣又稱為抽樣，是從所有的調查對象中，隨機選擇部分對象的數值，來代表全體的資料；若選擇的對象越多，越能代表全體，例如：在一個班級內隨機選擇一男一女，以此兩人的 BMI 代表全班男女同學的肥胖程度，就沒什麼代表性；但若是隨機選擇一半的男生與一半的女生，各自計算 BMI 平均來代表全班男女同學的肥胖程度，就較為具有代表性。舉另外一個例子：若一學期內有 10 次小考，隨機選擇 2 次小考作為平時成績，如此的成績計算方式無法代表實際上的學習表現；但若隨機選擇 6 次小考作為平時成績，則比較能夠代表這一學期的學習表現。

觀察與探究

1. 身高與體重的調查

調查全班同學的身高與體重，紀錄於研究數據紀錄表（表二）。利用表二的資料，計算出每位調查對象的 BMI 數值。如果無法調查全班的數據，也可利用表三所提供的數據直接進行計算，表三為某班每位同學身高與體重的資料。

2. BMI 數值的計算

將男生與女生的 BMI 數值，依性別整理至表四，分別計算出男生與女生的平均 BMI，其中男生平均 BMI 代號為 B20，女生的平均 BMI 代號為 G20。

3. 在不同取樣人數時，所求得的平均 BMI

分別以不同取樣數的方式，於男生與女生中取樣出一樣多的人數，各自計算出平均 BMI：

（1）男生與女生各隨機取樣一人時

從表二或表三中，男生與女生各隨機取樣一人，將其 BMI 數值填入表五，以這兩位的 BMI 代表全班男生與女生的 BMI，也就是男生與女生的取樣數各為一個人時，所得到的男生 BMI（代號為 B1）與女生 BMI（代號為 G1）。

（2）男生與女生各隨機取樣 5 人時

從表二或表三中，男生與女生各隨機取樣 5 人，將其 BMI 數值填入表六，以這 5 位的 BMI 代表全班男生或女生的 BMI，也就是男生與女生的取樣數各為 5 時，所得到的男生 BMI（代號為 B5）與女生 BMI（代號為 G5）。

（3）男生與女生各隨機取樣 10 人時

從表二或表三中，男生與女生各隨機取樣 10 人，將其 BMI 數值填入表七，以這 10 位的 BMI 代表全班男生與女生的 BMI，也就是男生與女生的取樣數各為 10 時，所得到的男生 BMI（代號為 B10）與女生 BMI（代號為 G10）。

4. 比較不同取樣人數時所求得的平均 BMI

將在不同取樣人數時所求得的平均 BMI（B1、B5、B10 與 G1、G5、G10）與實際的全班平均數據（B20 與 G20），分別於圖一（男性）與圖二（女性）繪製成柱狀圖，若取樣後所計算得到的平均 BMI 與實際數據（B20 與 G20）相近，代表取樣的樣本較能代表全部的樣本，也就是代表性較高。比較取樣人數的數量與代表性，兩者之間有什麼關係？

科學紀錄

1. 身高與體重的調查與 BMI 的計算

表二　研究數據紀錄表・身高與體重調查

座號（編號）	性別	身高（公尺）	體重（公斤）	BMI	座號（編號）	性別	身高（公尺）	體重（公斤）	BMI
1					21				
2					22				
3					23				
4					24				
5					25				
6					26				
7					27				
8					28				
9					29				
10					30				
11					31				
12					32				
13					33				
14					34				
15					35				
16					36				
17					37				
18					38				
19					39				
20					40				

表三　研究數據紀錄表．某一班同學的身高與體重調查

座號（編號）	性別	身高（公尺）	體重（公斤）	BMI	座號（編號）	性別	身高（公尺）	體重（公斤）	BMI
1	男	150	53		21	男	151	49	
2	女	147	49		22	女	160	56	
3	男	159	49		23	男	153	47	
4	女	149	51		24	女	163	53	
5	男	155	47		25	男	149	50	
6	女	155	52		26	女	159	49	
7	男	140	40		27	男	147	50	
8	女	160	50		28	女	160	50	
9	男	151	57		29	男	155	58	
10	女	163	49		30	女	150	53	
11	男	147	51		31	男	156	57	
12	女	156	47		32	女	149	48	
13	男	153	50		33	男	157	40	
14	女	160	53		34	女	149	43	
15	男	160	41		35	男	160	47	
16	女	151	51		36	女	155	59	
17	男	149	53		37	男	163	45	
18	女	147	49		38	女	160	59	
19	男	166	57		39	男	160	52	
20	女	149	55		40	女	161	58	

2. 男生與女生 BMI 的計算

表四　男生與女生的 BMI 與平均值

男生				女生			
座號（編號）	BMI	座號（編號）	BMI	座號（編號）	BMI	座號（編號）	BMI
男生 BMI 平均		（B_{20}）		女生 BMI 平均		（G_{20}）	

3. 比較不同取樣數時所求得的平均 BMI

表五　男生與女生各取樣 1 人的 BMI

男生		女生	
座號（編號）	BMI	座號（編號）	BMI
	（B_1）		（G_1）

表六　男生與女生各取樣 5 人的 BMI 與平均值

男生		女生	
座號（編號）	BMI	座號（編號）	BMI
男生 BMI 平均	（B_5）	女生 BMI 平均	（G_5）

表七　男生與女生各取樣 10 人的 BMI 與平均值

男生		女生	
座號（編號）	BMI	座號（編號）	BMI
男生 BMI 平均	（B_{10}）	女生 BMI 平均	（G_{10}）

4. 比較不同取樣人數時所求得的平均 BMI

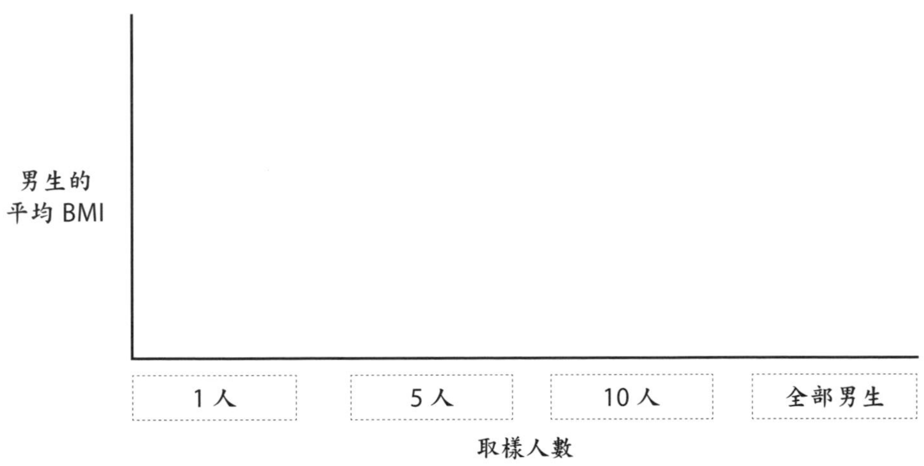

圖一　男性受試者中，不同取樣人數時所求得的平均 BMI 與實際的全班平均數據的比較。

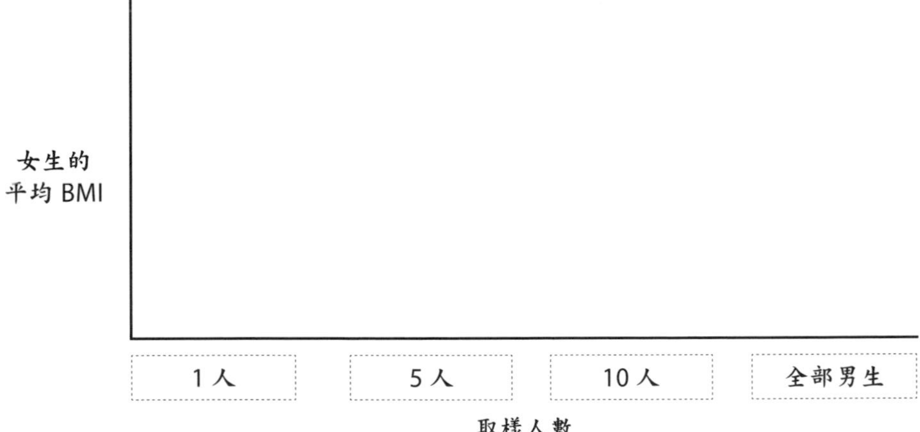

圖二　女性受試者中，不同取樣人數時所求得的平均 BMI 與實際的全班平均數據的比較。

想一想

1. 你所調查、計算的資料中，男生與女生的 BMI 數值何者較大？
2. 為何進行科學研究時，取樣數越多越好？

進階觀察與探究　幾個正面？幾個反面？

活動前準備

1. 器材與工具：6 個銅板，幣別與面額不限，但需能區分正、反面。
2. 本活動需同時丟擲 6 個銅板，為避免銅板四散遺失，可準備適當容器（如碗、盒子或盆子）方便銅板的丟擲。

原理簡介

1. 一個銅板有正面與反面，擲出銅板後應有一半的機會是正面，一半的機會是反面，照理說，每擲兩次銅板，應該是一次正面、一次反面。但事實上，還是有機會擲出兩個正面或是兩個反面，這說明了機率為二分之一，不代表一定是一半的銅板為正面。
2. 依據事件發生的機率（例如擲銅板二分之一的機率是正面），推論出發生某事件的理論數值，這個數值稱為「期望值」，例如，擲出 10 個銅板，理論上有 5 個是正面、5 個是反面。「期望值」只是理論值，實際發生的次數不一定與「期望值」一致。
3. 機率與「期望值」可以幫助我們預測各事件中，何者最可能發生，或是可能發生幾次。本探究任務的問題為：若同時擲出 6 個銅板，可能出現 6 個正面、5 正面 1 反面、4 正面 2 反面、3 正面 3 反面、2 正面 4 反面、1 正面 5 反面、6 個反面共 7 種情形，那一種情形發生的機率最大？

實驗過程

1. 擲出 6 個銅板，只擲 1 次
   將 6 個銅板同時擲出，計算正面與反面的銅板各有幾個，紀錄於表八。
2. 擲出 6 個銅板，共擲 10 次
   將 6 個銅板同時擲出，計算正面與反面的銅板各有幾個，共擲 10 次，統計各種銅板情形的次數，紀錄於表八。
3. 擲出 6 個銅板，共擲 100 次
   將 6 個銅板同時擲出，計算正面與反面的銅板各有幾個，每擲 10 次統計各種銅板情形的次數，共擲 100 次，紀錄於表八。

科學紀錄與數據處理

表八　同時擲出 6 個銅板，在不同擲出次數下，各種情形的次數統計。（紀錄範本請見下頁）

銅板 情形	6 個 正面	5 正面 1 反面	4 正面 2 反面	3 正面 3 反面	2 正面 4 反面	1 正面 5 反面	6 個 反面	附註
擲 第 1 次								打勾
擲 10 次								以正字 紀錄次數
擲 10 次								以正字 紀錄次數
擲 10 次								以正字 紀錄次數
擲 10 次								以正字 紀錄次數
擲 10 次								以正字 紀錄次數
擲 10 次								以正字 紀錄次數
擲 10 次								以正字 紀錄次數
擲 10 次								以正字 紀錄次數
擲 10 次								以正字 紀錄次數
擲 10 次								以正字 紀錄次數
擲 100 次 累積								次數 相加

範本：

銅板情形	6 個正面	5 正面 1 反面	4 正面 2 反面	3 正面 3 反面	2 正面 4 反面	1 正面 5 反面	6 個反面	附註
（甲）擲第 1 次			✓					打勾
（A）擲 10 次	一			下	止		丅	以正字紀錄次數
（B）擲 10 次		一	丅	下	丅	一	一	以正字紀錄次數
（C）擲 10 次		丅	丅	下	丅	一		以正字紀錄次數
（D）擲 10 次	一		下	下	丅		一	以正字紀錄次數
（E）擲 10 次	丅	一	丅	丅	丅	一		以正字紀錄次數
（F）擲 10 次		丅	丅	下	一	丅		以正字紀錄次數
（G）擲 10 次		丅	丅	丅	下		一	以正字紀錄次數
（H）擲 10 次	一		丅	正	一	一		以正字紀錄次數
（I）擲 10 次		一	下	丅	丅		丅	以正字紀錄次數
（J）擲 10 次	一		丅	下	丅	丅		以正字紀錄次數
擲 100 次累積	6	9	20	29	21	8	7	次數相加

問題探究

1. 同時擲出 6 個銅板，只擲一次，你擲出結果為何？
2. 同時擲出 6 個銅板，共擲 10 次，什麼情形是最常見的（比例最高）？此結果與第一題的結果一致嗎？
3. 同時擲出 6 個銅板，共擲 100 次，什麼情形是最常見的（比例最高）？此結果與第一題與第二題的結果一致嗎？
4. 前三題的三種情形，何者的結果最接近「期望值」？為什麼？

科學家訓練班（開放性的探究活動）

BMI 的測量可作為肥胖程度的指標，肥胖的程度會隨著年齡的增長而改變嗎？請設計實驗，研究不同的年齡層的 BMI 是否不同？哪些年齡層的民眾較為肥胖？

任務回顧與省思

1. 在實驗操作與設計實驗的過程中，哪一步驟的挑戰最大？為什麼？
2. 你覺得還可以如何改良或設計實驗，使本次的探究任務能更圓滿的完成？
3. 除了本次的探究任務提供的因子，你還想到可能有哪些因子也會影響人體肥胖的程度？

科學原理剖析

所有的研究對象稱為母群（例如全世界的所有蟑螂），若想了解母群的數據資料，但又無法收集到整個母群體的所有數據，只能透過「取樣」的方式，透過取得部分數據所獲得的資訊（例如：平均與標準差），來代表母群的資訊。如果取樣的資料不多，其資訊就不足以代表母群體，因此在進行科學研究時，取樣數越多，其資料的更能呈現母群體的性質，就越有代表性。本科學探究活動，即是驗證取樣數的大小對資料代表性的關係，可發現取樣數若過少，數據資料的代表性就越低，越不能呈現母群體的資訊性質。

透過取樣而獲得數據常須注意數據的品質，獲得之數據的品質高低，可由「信度」與「效度」兩項指標來判斷。信度（Reliability）又稱為精確度（precision），是指收集的數據是否具有穩定性與一致性，例如：同一天內測量某人的身高與體重，其數據應該不會有明顯的變化，代表測量數據的工具（身高量尺與體重計）具有可靠性，其信度就較高；若所測得的身高、體重數據差異過大而不穩定，代表測量者或是測量工具有問題，其數據就不可相信，其信度就較低。效度（Validity）又稱為正確度（accuracy）是指獲得數據的工具，其所得的資料是否能代表真正的數據，例如：一個經過校正後的體重計，所測量的體重數據較能反映真正的體重資料，其效度較未經校正的體重計還高。圖三以向靶射箭為例，若每次射箭的落點很集中，就像是每測量的數據皆很一致，就代表信度／精確度較高；若能正確的射中靶心，就代表能獲得真實的數據，其效度／正確度較高。

BMI 的測量是容易操作的科學探究活動，一般而言，兒童的 BMI 在男性與女性間的差異不大，但在青少年時期之後，男性的平均 BMI 會略大於女性（表九）。但影響 BMI 的因子很多，再加上取樣數無法增加太多，所以科學探究活動所測量的 BMI 數據，僅能代表受試者的性質，不能代表全體人類的性質。

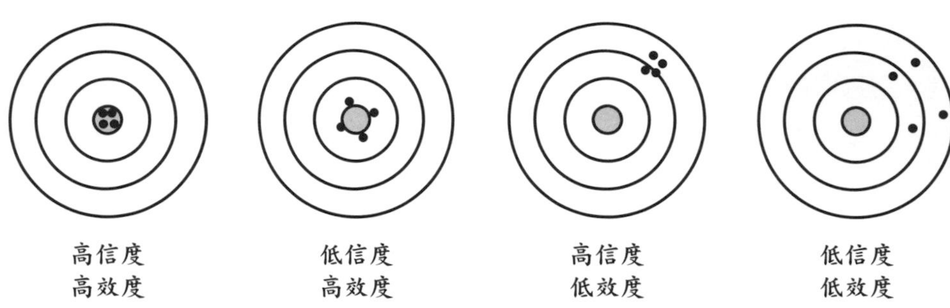

圖三　以向把射箭的落點為例，比較信度與效度的意義。

表九　兒童及青少年生長身體質量指數（BMI）建議值（取自衛服部 102 年公布資料）。

性別	男性	女性	性別	男性	女性
年紀	正常範圍	正常範圍	年紀	正常範圍	正常範圍
0	11.5-14.8	11.5-14.7	9	14.3-19.5	14.0-19.1
1	14.8-18.3	14.2-17.9	10	14.5-20.0	14.3-19.7
2	14.2-17.4	13.7-17.2	11	14.8-20.7	14.7-20.5
3	13.7-17.0	13.5-16.9	12	15.2-21.3	15.2-21.3
4	13.4-16.7	13.2-16.8	13	15.7-21.9	15.7-21.9
5	13.3-16.7	13.1-17.0	14	16.3-22.5	16.3-22.5
6	13.5-16.9	13.1-17.2	15	16.9-22.9	16.7-22.7
7	13.8-17.9	13.4-17.7	16	17.4-23.3	17.1-22.7
8	14.1-19.0	13.8-18.4	17	17.8-23.5	17.3-22.7

02 探究任務
英雄氣長

研究調查主題

人體憋氣時間的測量與影響憋氣時間的因子

任務提示

平時人體的呼吸多為反射性的運動，但也可以受大腦意識控制，例如：我們可以控制何時要憋氣，我們也可以控制說話與唱歌，而說話與唱歌是隨意識控制的呼氣運動。所以呼吸運動可受意識支配，也可透過反射調節。但是故意長期憋氣無法使你缺氧而昏迷，而會在昏迷前會先「憋不住氣」，這代表憋氣時間的長短仍受反射的調控，當憋不住氣時，大腦意識無法延長憋氣時間。因此「最長憋氣時間」可作為體內環境因子調節呼吸反射的量化指標，可用來探討呼吸反射的相關性質。

初階觀察與探究　肺內殘餘空氣量對最長憋氣時間的影響

活動前準備

1. 器材與工具：碼表或其他可計時的工具，每組一個。
2. 以 2 人或 4 人為一組。

原理簡介

你在游泳池裡練習過憋氣嗎？你最長可以憋氣多久？有什麼方法可以增加憋氣的時間呢？影響人體憋氣時間的因子很多，如果一開始先吸飽氣，讓肺內儲存大量空氣，這樣可以增加憋氣時間嗎？

本探究任務以「肺內殘餘空氣量」這個因子作為主題，探討這個因子對最長憋氣時間的效應。

觀察與探究

1. 最長憋氣時間的測量方法

呼吸運動是受意識控制的，當暫時停止呼吸時開始計時，當忍不住而無法繼續憋氣時就轉為大口呼吸，此時停止計時，所紀錄的時間長短即為「最長憋氣時間」。

2. 測量一般憋氣時的最長憋氣時間

（1）一人作為受試者，同時計時測量最長憋氣時間，另一人負責紀錄；必要時，也可每個人同時作為受試者、測量者與紀錄者，自己測量、紀錄自己的最長憋氣時間。

（2）在一般正常呼吸的情形下，在輕輕呼氣結束後，開始憋氣、計時，測量最長憋氣時間，並紀錄於表一。

（3）在休息一分鐘後，再以同樣的方式測量最長憋氣時間，每人各測量 2 次。

3. 測量吸飽氣時的最長憋氣時間

（1）一人作為受試者，同時計時測量最長憋氣時間，另一人負責紀錄；必要時，也可每個人自己同時作為受試者、測量者與紀錄者。

（2）先以一般正常的呼吸狀態，隨後用力吸飽氣使肺部脹大後開始憋氣、計時，在維持吸飽氣的狀態下測量最長憋氣時間，並紀錄於表一。

（3）在休息一分鐘後，再以同樣的方式測量最長憋氣時間，每人各測量 2 次。

4. 測量用力吐氣後的最長憋氣時間

（1）一人作為受試者，同時計時測量最長憋氣時間，另一人負責紀錄；必要時，也可每個人自己同時作為受試者、測量者與紀錄者。

（2）先以一般正常的呼吸狀態，隨後用力吐氣使肺部縮小後開始憋氣、計時，在維持肺部縮小的狀態下測量最長憋氣時間，並紀錄於表一。

（3）在休息一分鐘後，再以同樣的方式測量最長憋氣時間，每人各測量 2 次。

小小提醒

若因憋氣而出現頭暈等不舒服的症狀，請立即停止實驗並確實休息。每次憋氣實驗後，皆須正常呼吸並有充足休息後，才能進行下一輪實驗。

科學紀錄

1. 不同肺內殘餘空氣量時的最長憋氣時間

表一　不同肺內殘餘空氣量的狀態，對最長憋氣時間的效應（單位為秒）。

受試者									平均
	第一次	第二次	第一次	第二次	第一次	第二次	第一次	第二次	
輕輕呼氣後憋氣									
用力吸氣後憋氣（吸飽氣狀態）									
用力呼氣後憋氣（肺部縮小狀態）									

問題探究

1. 每位受試者在「輕輕呼氣後憋氣」的最長憋氣時間是否一樣？若每個人之間具有差異，可能是什麼原因所造成的（例如：運動習慣、性別）？
2. 若肺內殘餘空氣量增加（吸飽氣）時，會影響「最長憋氣時間」嗎？
3. 若肺內殘餘空氣量減少（用力呼氣後）時，會影響「最長憋氣時間」嗎？

進階觀察與探究　套袋呼吸與過度換氣對最長憋氣時間的影響

活動前準備

1. 器材與工具：

（1）碼表或其他可計時的工具，每組一個。

（2）塑膠袋（無耳型、尺寸約為半斤大小），每人一個。

2. 以 2 人或 4 人為一組。

原理簡介

人體可偵測血液中的氧濃度與二氧化碳濃度，進而調節呼吸運動。一般而言，若血液內的氧濃度下降或二氧化碳濃度增加，會引發呼吸運動加快、加深，使身體獲得更多氧與排出更多二氧化碳；若血液內的氧濃度增加或二氧化碳濃度下降，會引發呼吸運動變慢、變淺，使身體減少氧攝入與二氧化碳的排出。

若要探討血液內氧與二氧化碳濃度的改變對呼吸運動的效應，可透過套袋呼吸方式，重新吸回呼出的空氣，可減少血液內氧濃度、增加二氧化碳濃度；若以過度換氣方式呼吸，則可增加血液內氧濃度、減少二氧化碳濃度。

在「進階觀察與探究」中，探究任務就以「套袋呼吸後」與「過度換氣後」兩種因子，探討兩者對最長憋氣時間的效應。

實驗過程

1. 測量一般憋氣時的最長憋氣時間

（1）一人作為受試者，同時計時測量最長憋氣時間，另一人負責紀錄；必要時，也可每個人自己同時作為受試者、測量者與紀錄者。

（2）在一般正常呼吸的情形下，在輕輕呼氣結束後，開始憋氣、計時，測量最長憋氣時間，並紀錄於表二。

（3）在休息一分鐘後，再以同樣方式測量最長憋氣時間，每人各測量 2 次。

2. 測量套袋呼吸後的最長憋氣時間

（1）一人作為受試者，同時計時測量最長憋氣時間，另一人負責紀錄；必要時，也可每個人自己同時作為受試者、測量者與紀錄者。

（2）先以套袋呼吸的方式持續呼吸一分鐘（圖一），須注意袋子與臉部需密合，不能有漏氣。

（3）隨後在輕輕呼氣結束後，取下袋子並開始憋氣、計時，測量最長憋氣時間，並紀錄於表二。

（4）休息一分鐘後，再以同樣方式測量最長憋氣時間，每人各測量 2 次。

3. 測量過度換氣後的最長憋氣時間

（1）一人作為受試者，同時計時測量最長憋氣時間，另一人負責紀錄；必要時，也可每個人自己同時作為受試者、測量者與紀錄者。

（2）先以深吸氣深吐氣的過度換氣方式，持續呼吸一分鐘。

（3）隨後在輕輕呼氣結束後開始憋氣、計時，測量最長憋氣時間，並紀錄於表二。

圖一　套袋呼吸的方式。上圖：套袋呼氣；下圖：套袋吸氣。

（4）在休息一分鐘後，再以同樣方式測量最長憋氣時間，每人各測量 2 次。

小小提醒

操作「套袋呼吸」或「過度換氣」時可能會產生頭暈等不舒服的症狀，此時請立即停止實驗並確實休息。若有呼吸運動相關病史者，可選擇不操作此探究活動，或是可縮短「套袋呼吸」或「過度換氣」的時間（例如縮短為 30 秒或是更短），仍可進行實驗。每次憋氣實驗後，皆須正常呼吸並有充足休息後，才能進行下一輪實驗。

科學紀錄與數據處理

1.「套袋呼吸」對最長憋氣時間的影響

表二　套袋呼吸前與套袋呼吸後的最長憋氣時間（單位為秒）。

受試者									平均
	第一次	第二次	第一次	第二次	第一次	第二次	第一次	第二次	
套袋呼吸前									
套袋呼吸後									

2.「過度換氣」對最長憋氣時間的影響

表三　過度換氣前與過度換氣後的最長憋氣時間（單位為秒）。

受試者									平均
	第一次	第二次	第一次	第二次	第一次	第二次	第一次	第二次	
過度換氣前									
過度換氣後									

問題探究

1. 若先經過套袋呼吸的操作後，會影響「最長憋氣時間」嗎？
2. 若先經過過度換氣的操作後，會影響「最長憋氣時間」嗎？
3. 你覺得「最長憋氣時間」可能會受什麼因子影響？

科學家訓練班（開放性的探究活動）

常聽到一種說法：在憋氣期間，若能逐漸地分段呼氣，則憋氣的時間可較一直保持憋氣的狀態來得長。這個說法是真的嗎？由前述實驗已知「肺內殘餘空氣量」可影響「最長憋氣時間」，且「肺內殘餘空氣量」越大，則「最長憋氣時間」越久，若是如此，應在維持大量肺內空氣量（憋氣期間不呼氣）的狀態下，憋氣時間較長，但就會與這個說法出現矛盾。

請設計實驗，研究「憋氣期間分段呼氣」與「持續保持憋氣狀態」兩者，何者的「最長憋氣時間」較長？

任務回顧與省思

1. 在實驗操作與設計實驗的過程中，哪一步驟的挑戰最大？為什麼？
2. 你覺得還可以如何改良或設計實驗，使本次的探究任務能更圓滿的完成？
3. 除了本次的探究任務提供的因子，你還想到可能有哪些因子也會影響最長憋氣時間？

科學原理剖析

人體的呼吸運動主要由延腦的呼吸中樞所引發，若延腦受損導致呼吸中樞失去作用，則無法引起呼吸運動而窒息死亡，因此延腦又稱為生命中樞。呼吸中樞可接受來自肺部的訊息，例如：當肺因吸氣而脹大時，肺部中位於支氣管平滑肌的伸張受器（pulmonary stretch receptors），感應肺部的張力增加，其感覺訊息可抑制呼吸中樞的吸氣運動，轉而產生呼氣運動，以避免肺部因過度脹大而受損。這樣因肺部充氣造成反射性的抑制吸氣、引發呼氣，稱為赫鮑二氏肺擴張反射（Hering-Breuer inflation reflex）。另一方面，若將肺部空氣抽出，則可造成反射性的抑制呼氣、引發吸氣，稱為肺塌陷反射（deflation reflex）。這兩種反射皆屬於肺牽張反射（pulmonary stretch reflex），其感覺神經為迷走神經，是生理學研究中第一個負回饋調節的描述。

除了肺部的伸張受器外，位於頸動脈的頸動脈體（Carotid body）可偵測血液中的氧濃度、二氧化碳濃度與 pH 值變化，為最主要的周邊化學受器，此受器的感覺訊息經舌咽神經傳遞至延腦的呼吸中樞。位於主動脈的主動脈體（Aortic body）與頸動脈體的功能相似，在頸動脈體失去功能時可取代頸動脈體的生理角色，其感覺訊息經由迷走神經傳遞至延腦的呼吸中樞。延腦本身亦為中樞化學受器，可偵測腦脊髓液的氫離子濃度。一旦身體內二氧化碳濃度增加，使得腦脊髓液的氫離子濃度增加，可經由中樞化學受器的偵測，引發呼吸中樞產生呼吸頻率與深度增加的指令，以維持體液氧濃度、二氧化碳濃度與酸鹼值的恆定。

延腦的呼吸中樞所發出的運動神經可支配呼吸肌的運動。在哺乳類，控制氣體進出肺部的肌肉群，稱為呼吸幫浦肌肉（respiratory pump muscle），支配這群肌肉的運動神經，包含支配橫膈肌的橫膈運動神經

（phrenic motoneurons）、支配肋間肌的肋間肌運動神經（intercostal muscle motoneuron）、與支配腹肌的腹部運動神經（abdomonal muscle motoneuron）等，它們分別發自頸椎第三至第六對（C3-C6）、胸椎第一至第十二對（T1-T12）與胸椎第四至腰椎第三對（T4-L3）脊神經。橫膈肌、肋間肌與腹肌的收縮與舒張，控制胸腔的大小，進而產生吸氣與呼氣的運動。

圖二為呼吸反射中受器、感覺神經、中樞神經系統、運動神經、動器的訊息傳遞關係。

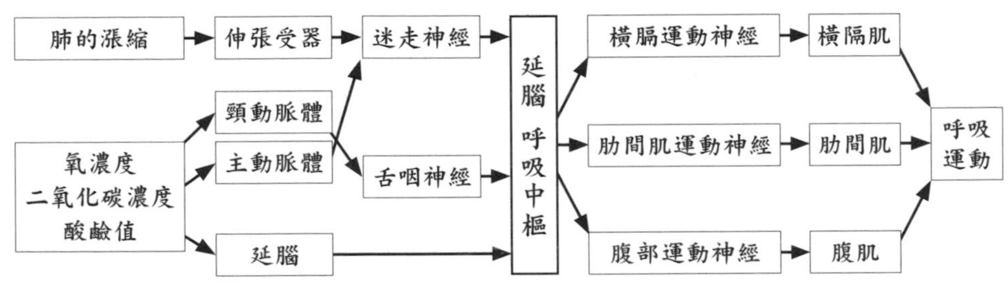

圖二　呼吸反射中的訊息傳遞路徑。

03 探究任務 彈指之間

研究調查主題

手指敲擊頻率的測量與影響手指運動速度的因子

任務提示

肢體的運動是透過肌肉的收縮，再拉動骨骼移動而產生的。肢體的運動情形可作為肌肉收縮效率的指標，例如：手若能提起越重的東西，代表手臂肌肉收縮的力量越大。手指的運動受手部肌肉收縮性質所決定，若測量手指運動的力量或是速度，即可探究肌肉收縮的生理性質。平時手指可敲擊鍵盤或是手機螢幕，若手指敲擊的頻率越快，代表肌肉運動的速度越快，因此手指敲擊的頻率可作為肌肉運動速度的指標。

初階觀察與探究　手指敲擊頻率的個體差異與左右手的比較

活動前準備

1. 器材與工具：碼表或其他可計時的工具，每組一個。
2. 以 2 人或 4 人為一組。

原理簡介

每個人可能因常從事的運動或是經過訓練，手指運動具有不同的靈巧程度，例如：常打電動或是練習鋼琴的人，手指的運動速度也許比較快。此外，一般人的雙手中，常有一隻手的使用頻率與程度較另一隻手高，這隻手稱為慣用手，右撇子的慣用手即為右手。慣用手的手指運動速度是否較非慣用手快呢？

本探究任務以「個體差異」與「是否為慣用手」兩個因子作為主題，探討此兩個因子對手指的運動速度的效應。

觀察與探究

1. 手指敲擊頻率的個體差異

（1）以右手食指以最快的頻率敲擊拇指（圖一），以食指與拇指接觸的次數作為敲擊次數。

（2）計時 10 秒內，紀錄手指最高敲擊頻率。若敲擊頻率過高不易計算，可由負責觀察紀錄的同學在觀察手指敲擊時，同步以筆在紙上打點，打點的頻率與受試者手指敲擊的頻率一致，即可以紙上打點的數量計算手指敲擊的次數。

（3）每位同學輪流進行實驗操作，每位同學需操作 5 次，但應避免同一位連續操作。

（4）將敲擊次數紀錄於表一。

（5）計算 10 秒內手指敲擊次數得到「敲擊頻率」（單位：次／分鐘），再計算平均，得到每位同學的「平均敲擊頻率」（單位：次／分鐘）。

2. 慣用手與非慣用手的手指敲擊頻率比較

（1）以「慣用手」食指以最快的頻率敲擊拇指，計時 10 秒內，紀錄手指最高敲擊頻率。將敲擊次數紀錄於表二。

（2）改以「非慣用手」食指以最快的頻率敲擊拇指，計時 10 秒內，紀錄手指最高敲擊頻率。將敲擊次數紀錄於表三。

（3）每位同學輪流進行實驗操作，每位同學需操作 3 次。

（4）將 10 秒內手指敲擊次數經計算得到「敲擊頻率」（單位：次／分鐘），再計算平均，得到每位同學的「平均敲擊頻率」（單位：次／分鐘），最後計算出同組同學的「平均敲擊頻率」（單位：次／分鐘）。

小小提醒

每位同學操作、紀錄敲擊次數後，需先讓其同學輪流進行實驗，讓實驗者的手部得到充分休息後，才進行下一次的實驗操作，以避免手部疲勞影響實驗結果。

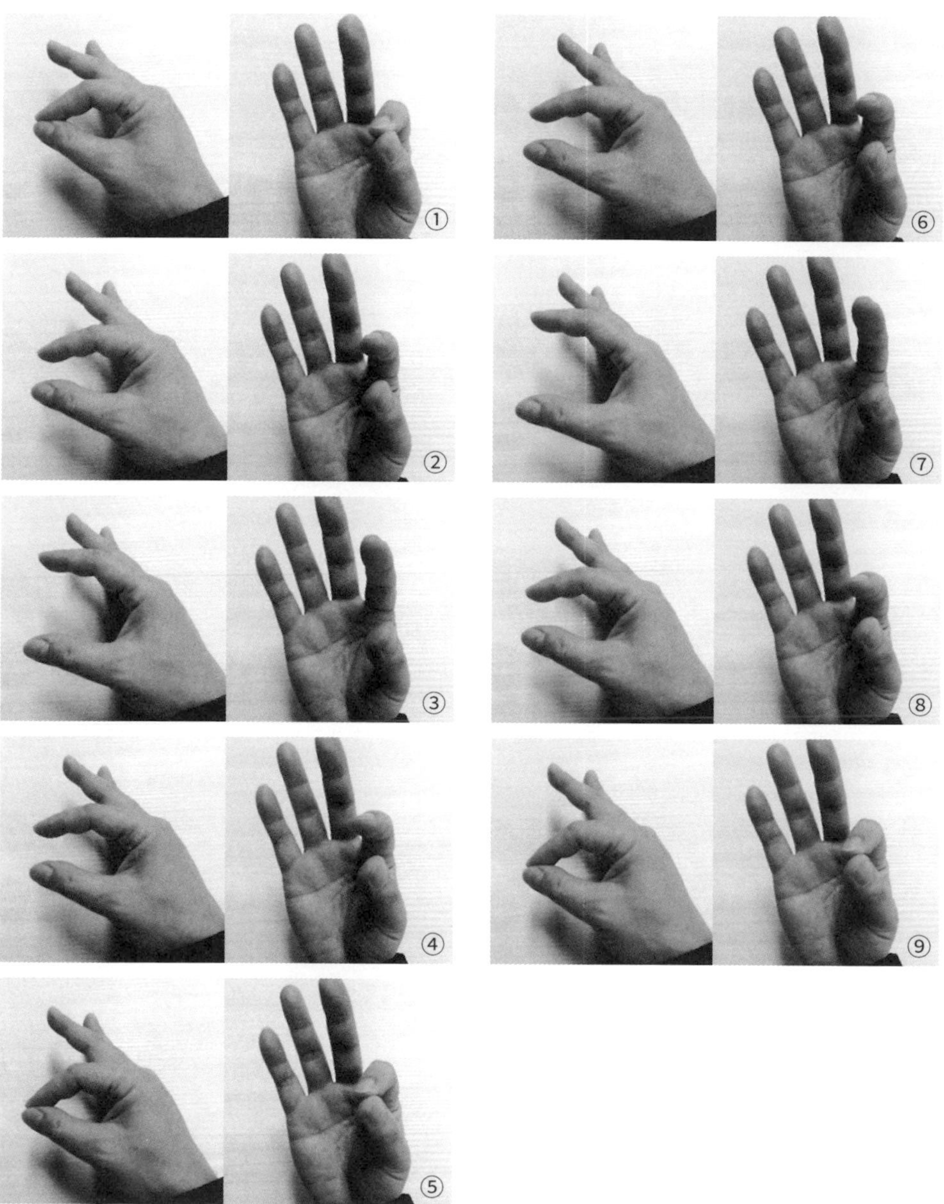

圖一　右手食指以最快的頻率敲擊拇指，圖中以敲擊 2 次為例。

科學紀錄

1. 手指敲擊頻率的個體差異

表一　實驗紀錄表：手指敲擊次數紀錄

受試者				
10 秒內手指敲擊次數（次）				
第 1 次				（A）
第 2 次				（B）
第 3 次				（C）
第 4 次				（D）
第 5 次				（E）
敲擊頻率（次／分鐘）				
第 1 次				（AX6）
第 2 次				（BX6）
第 3 次				（CX6）
第 4 次				（DX6）
第 5 次				（EX6）
平均				

註：可依紀錄表格中右側括弧的代號與算式，計算出「敲擊頻率」，再計算出與「平均敲擊頻率」。

2. 慣用手與非慣用手的手指敲擊頻率比較

表二　實驗紀錄表：「慣用手」手指敲擊次數

受試者				
10 秒內手指敲擊次數（次）				
第 1 次				（A）
第 2 次				（B）
第 3 次				（C）
敲擊頻率（次／分鐘）				
第 1 次				（A X 6）
第 2 次				（B X 6）
第 3 次				（C X 6）
平均				X
組內平均	X 的平均			

表三　實驗紀錄表：「非慣用手」手指敲擊次數

受試者				
10 秒內手指敲擊次數（次）				
第 1 次				（A）
第 2 次				（B）
第 3 次				（C）
敲擊頻率（次／分鐘）				
第 1 次				（A X 6）
第 2 次				（B X 6）
第 3 次				（C X 6）
平均				X
組內平均	X 的平均			

問題探究

1. 每位受試者的手指敲擊頻率皆一致嗎？為何部分受試者的手指敲擊頻率較高？可調查這些受試者的過去經驗（如：練過鋼琴），試著找出原因。
2. 從收集到的數據中，可以比較男性與女性手指敲擊頻率嗎？要如何比較？

比較結果為何？
3. 依據測量與計算的數據，「慣用手」與「非慣用手」何者敲擊頻率較高？
4. 「慣用手」與「非慣用手」若敲擊頻率不同，可能是什麼原因造成的？

進階觀察與探究　溫度高低對手指敲擊頻率的影響

活動前準備

1. 器材與工具：
   （1）碼表或其他可計時的工具，每組一個。
   （2）塑膠水盆（水放 8 分滿後可以浸入手指、手掌、手腕、前臂），每組一個。
   （3）溫度計，每組一個。
   （4）冰塊、熱水、室溫水。
2. 以 2 人或 4 人為一組。

原理簡介

生物的生理反應與化學反應皆受溫度影響，在適當的溫度範圍內，溫度越高常使生理反應或化學反應的速率增加，例如：人體在發燒時體溫升高，心臟跳動的頻率會因溫度增加而增加。溫度是否也會影響手部肌肉收縮的速度呢？

在「進階觀察與探究」中，探究任務就以「溫度」因子，探討溫度對手指敲擊頻率的效應。

實驗過程

1. 室溫下右手手指敲擊頻率的測量

（1）在塑膠水盆內注入 7 至 8 分滿的水，水中放置溫度計。

（2）將右手手肘以下浸入水中，20 秒後測量並紀錄水溫。

（3）計時 10 秒內，右手食指在水中以最快的頻率敲擊拇指，於表四中紀錄手指敲擊頻率（單位：次／秒）。每人共測量 3 次。

2. 低溫下右手手指敲擊頻率的測量

（1）裝置如上，水中放入冰塊並測量水溫，將水溫調至較室溫低 10 度，其餘操作步驟亦如上。

（2）計時 10 秒內，右手食指以最快的頻率敲擊拇指，於表五中紀錄手指敲擊頻率（單位：次／秒）。每人共測量 3 次。

3. 高溫下右手手指敲擊頻率的測量

（1）裝置如上，水桶內注入高溫水，將水溫調至較室溫高 10 度，其餘操作步驟亦如上。

（2）計時 10 秒內，右手食指以最快的頻率敲擊拇指，於表六中紀錄手指敲擊頻率（單位：次／秒）。每人共測量 3 次。

4. 分別計算室溫、低溫與高溫組的手指平均敲擊頻率。

科學紀錄與數據處理

1. 室溫下右手手指敲擊頻率

表四　室溫下右手手指敲擊次數紀錄表（室溫溫度：＿＿＿＿＿℃）

受試者				
10 秒內手指敲擊次數（次）				
第 1 次				（A）
第 2 次				（B）
第 3 次				（C）
敲擊頻率（次／分鐘）				
第 1 次				（A X 6）
第 2 次				（B X 6）
第 3 次				（C X 6）
平均				X
組內平均	X 的平均			

2. 低溫下右手手指敲擊頻率

表五　低溫下右手手指敲擊次數紀錄表（低溫溫度：＿＿＿＿℃）

受試者				
10 秒內手指敲擊次數（次）				
第 1 次				（A）
第 2 次				（B）
第 3 次				（C）
敲擊頻率（次／分鐘）				
第 1 次				（A X 6）
第 2 次				（B X 6）
第 3 次				（C X 6）
平均				X
組內平均	X 的平均			

3. 高溫下右手手指敲擊頻率

表六　高溫下右手手指敲擊次數紀錄表（高溫溫度：＿＿＿＿＿℃）

受試者				
10 秒內手指敲擊次數（次）				
第 1 次				（A）
第 2 次				（B）
第 3 次				（C）
敲擊頻率（次／分鐘）				
第 1 次				（A X 6）
第 2 次				（B X 6）
第 3 次				（C X 6）
平均				X
組內平均	X 的平均			

問題探究

1. 依據實驗操作與研究成果，「溫度」對手指敲擊頻率有何效應？

科學家訓練班（開放性的探究活動）

在本探究活動中，我們以食指敲擊拇指的頻率作為觀察的指標，若改成食指與中指輪流敲擊拇指（圖二），則兩指的敲擊頻率應比單一食指敲擊頻率高。兩指的敲擊頻率是否會是單一食指敲擊頻的 2 倍？這是一個可以用實驗證明的疑問。

請設計實驗，研究右手食指與中指的「兩指的敲擊頻率」與「單一食指敲擊頻率」，兩者的頻率是否為 2：1 ？

任務回顧與省思

1. 在實驗操作與設計實驗的過程中，哪一步驟的挑戰最大？為什麼？
2. 還可以如何改良或設計實驗，使本次的探究任務能更圓滿的完成？
3. 除了本次探究任務提供的因子，可能還有哪些因子也會影響手指敲擊頻率？

科學原理剖析

本探究的主題包含了探討溫度對生理／行為反應的效應，可將浸泡於不同水溫所測量的手指最高敲擊頻率，畫製成 XY 分布圖，分別求出兩點連線的直線公式。若進行三種溫度下的實驗，共可得兩個直線公式：低溫與室溫組的數據可求得一直線公式（圖三中的實線），室溫與高溫組的數據可求得另一

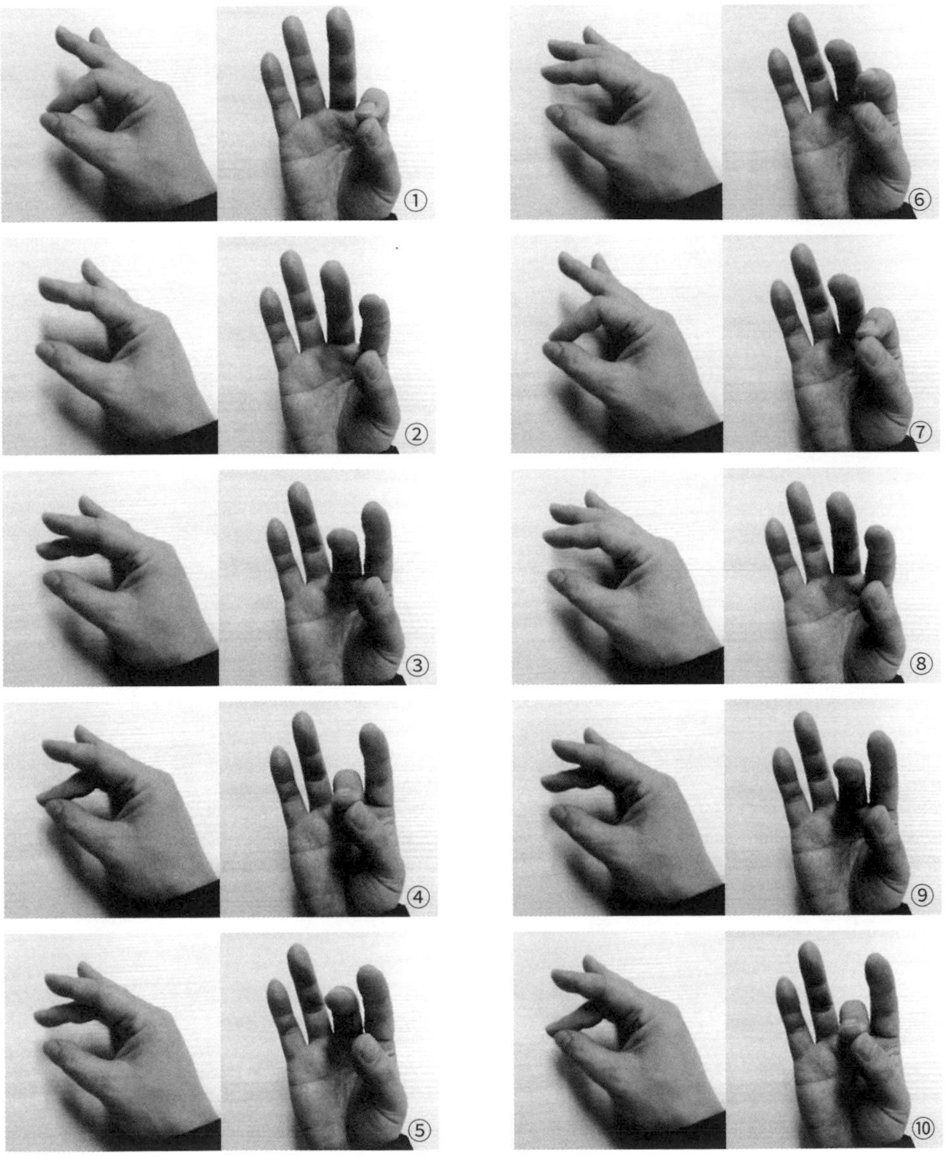

圖二　右手食指與中指以最快的頻率輪流敲擊拇指，
圖中以食指與中指各敲擊拇指 2 次為例。

直線公式（圖三中的虛線）。

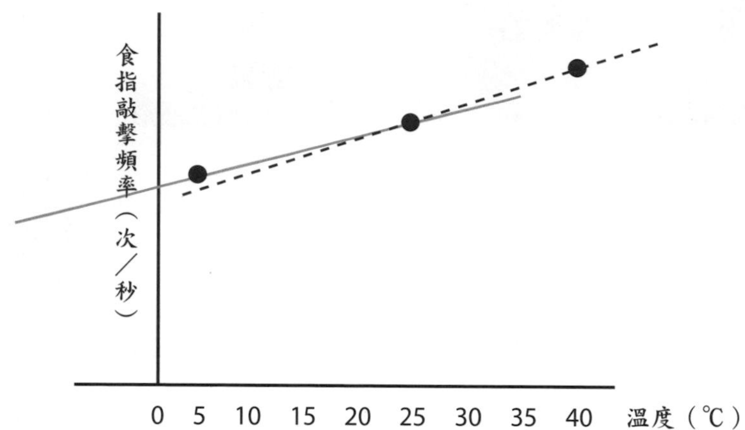

圖三　以測量浸泡 5℃、25℃、40℃的實驗數據為例，5℃與 25℃的數據可求得一直線公式（圖中實線），25℃與 40℃的數據可求得另一直線公式（圖中虛線）。

若一直線經過兩點（X_1, Y_1）與（X_2, Y_2），則該直線的公式如下：

$$y - y_1 = \frac{y_2 - y_1}{x_2 - x_1}(x - x_1)$$，再轉換成 $Y = aX + b$

最後可透過此趨勢線推論在何種溫度時，生理／行為反應會趨於 0（無反應），但所推論出來的數值會明顯低於絕對溫度（−273.15℃），這是個不合理的數據。此時，請重新檢視整個研究設計與實驗操作過程，從中探究為何會出現不合理的結論。

在這個「經設計的科學探究主題」（探討手部在不同溫度時的行為表現差異）中，會導出不合理的結論其實是預先規劃的課程過程之一。會導出錯誤結論的原因，是因為由環境控制手部的溫度（例如：將手部浸置於 40℃的溫水中），並不能如預期地改變手部的溫度（手部的溫度不會與水溫一致），因為人為恆溫動物，人體手部的溫度並不會完全隨著環境而改變，因此改變了實驗數據的圖形繪製與趨勢線的推導，進而誤判了趨勢線的斜率。

04 探究任務 眨眨眼

研究調查主題

眼瞼反射的性質與影響其調節作用的因子

任務提示

人體的眼睛是濕潤的，若過於乾燥或是受到刺激，會引發閉眼或是眨眼的反應，眨眼的反應常是一種非故意的反射行為，稱為眨眼反射或角膜反射。眼睛前側與空氣接觸的表面構造稱為角膜，若角膜受到乾燥或是機械性刺激後，感覺訊息經感覺神經，傳遞至中樞神經的腦中，再經由運動神經引發眼睛周圍的肌肉收縮，就可引發眨眼運動（圖一）。人可以忍住不眨眼嗎？最長可以忍住多久？有哪些因子會影響忍住不眨眼的時間長短？

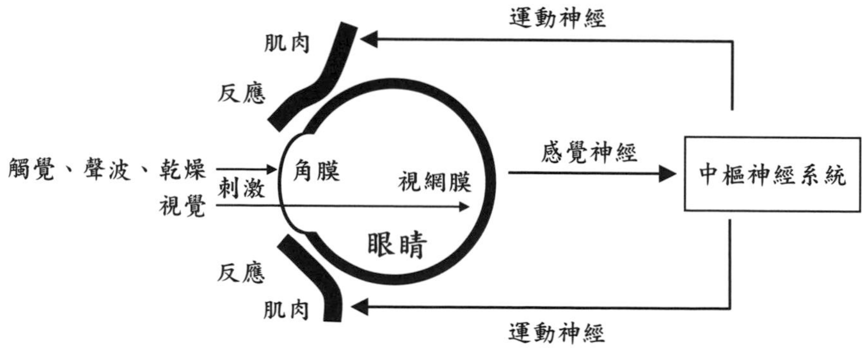

圖一　角膜接受刺激後，經感覺與運動神經的作用，引發眨眼運動。

初階觀察與探究　「雙眼或單眼睜眼」、「雙眼全張或雙眼半開」對眨眼反射的效應

活動前準備

1. 器材與工具：碼表或其他可計時的工具。
2. 以 2 人或 4 人為一組。

原理簡介

刺激角膜而引發眨眼反射的刺激因子，包含觸覺、聲波等刺激，反射時間大約 0.1 秒。若以物體快速靠近的視覺刺激，也可引發眨眼反射，但其反應較慢。當一隻眼睛受刺激引發眨眼反射，稱為「直接反射」；另一隻眼睛亦會一併產生反射，則稱為「間接反射」。

健康而清醒的人體，大約每 2 至 10 秒會眨眼一次，眼瞼可將淚液塗抹於角膜表面以維持濕潤，若角膜表面過於乾燥，亦會引發眨眼反射以保護角膜。同樣的乾燥刺激，在人體左眼與右眼引發的眨眼反射是一樣的嗎？若角膜接觸空氣的面積減小，是否可以抑制眨眼反射的發生？

本探究任務以「雙眼與單眼睜眼」、「雙眼全張與雙眼半開」兩種因子作為主題，探討這兩種因子對「忍住不眨眼之最長時間」的效應。

觀察與探究

1. 雙眼與單眼睜眼對「忍住不眨眼之最長時間」的效應

(1) 兩眼輕閉休息約 10 秒後，雙眼張開開始計時（圖二 A），並維持不眨眼狀態直到忍不住眨眼，紀錄忍不住眨眼的時間長度（單位為秒）。

(2) 兩眼輕閉休息約 10 秒後，張開左眼開始計時（圖二 B），並維持不眨眼狀態直到忍不住眨眼，紀錄忍不住眨眼的時間長度（單位為秒）。

(3) 兩眼輕閉休息約 10 秒後，張開右眼開始計時（圖二 C），並維持不眨眼狀態直到忍不住眨眼，紀錄忍不住眨眼的時間長度（單位為秒）。

(4) 將以上數據紀錄於表一，計算張開雙眼、僅張開左眼、僅張開右眼各自「忍不住眨眼的時間長度」的平均，並繪製柱狀圖（圖四）以進行比較。

2. 雙眼全張與雙眼半開對「忍住不眨眼之最長時間」的效應

(1) 兩眼輕閉休息約 10 秒後，雙眼張開開始計時（圖三 A），並維持不眨眼狀態直到忍不住眨眼，紀錄忍不住眨眼的時間長度（單位為秒）。

(2) 兩眼輕閉休息約 10 秒後，微幅地張開雙眼（雙眼半開，圖三 B），並維持不眨眼的狀態直到忍不住眨眼，紀錄忍不住眨眼的時間長度（單位為秒）。

(3) 將以上數據紀錄於表二，計算雙眼全開與雙眼半開時，各自「忍不住眨眼的時間長度」的平均，並繪製柱狀圖（圖五）以進行比較。

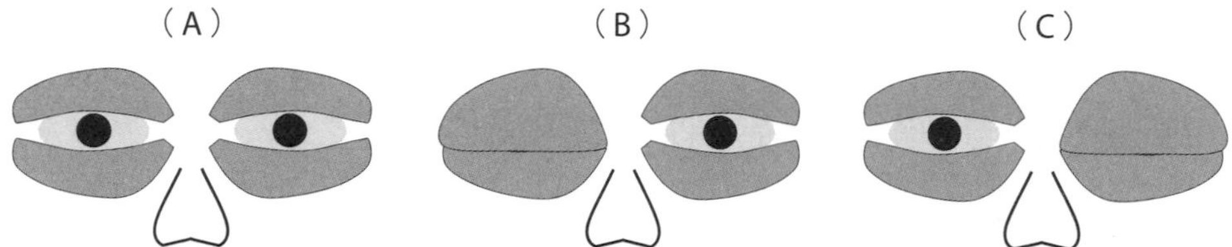

圖二　測量不同狀態下忍不住眨眼的時間長度。
（A）睜開雙眼。（B）僅張開左眼。（C）僅張開右眼。

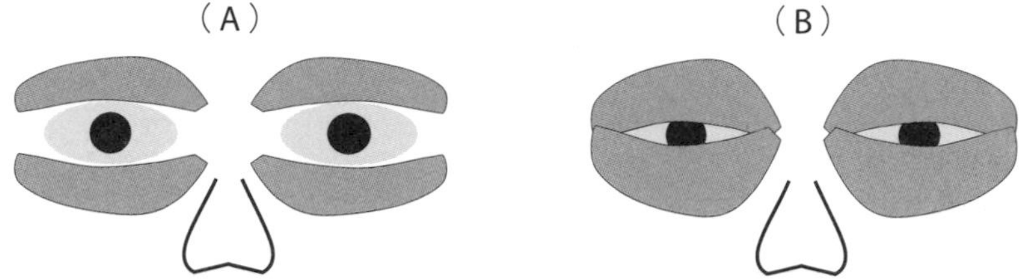

圖三　測量不同狀態下忍不住眨眼的時間長度。
（A）睜開雙眼。（B）雙眼半開。

科學紀錄

1. 張開雙眼、僅張開左眼、僅張開右眼對「忍住不眨眼之最長時間」的效應

表一　雙眼與單眼睜眼情形時，忍住不眨眼的最長時間紀錄（單位為秒）。

受試者								平均
探討因子	雙眼睜開							
	僅睜開左眼							
	僅睜開右眼							
附註：上述實驗是在不配戴眼鏡、不配戴隱形眼鏡時所測量而得。								

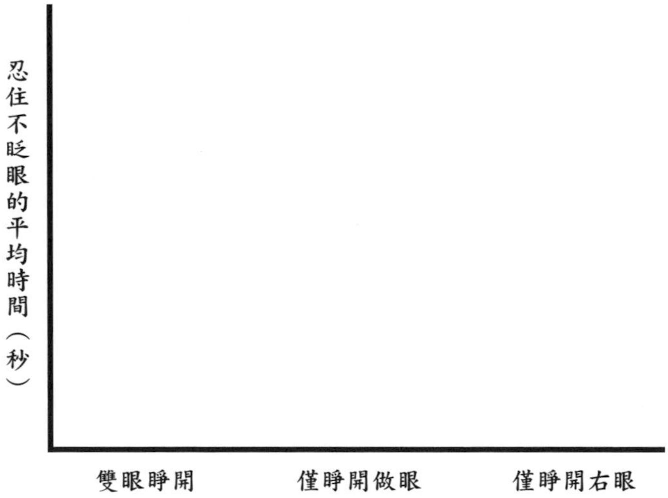

忍住不眨眼的平均時間（秒）

雙眼睜開　僅睜開做眼　僅睜開右眼

圖四　雙眼與單眼睜眼情形時，忍住不眨眼的平均時間（單位為秒）。

2. 雙眼全張與雙眼半開對「忍住不眨眼之最長時間」的效應

表二　雙眼全張與雙眼半開情形時，忍住不眨眼的最長時間紀錄（單位為秒）。

受試者								平均
探討因子	雙眼全張							
	雙眼半開							
附註：上述實驗是在不配戴眼鏡、不配戴隱形眼鏡時所測量而得。								

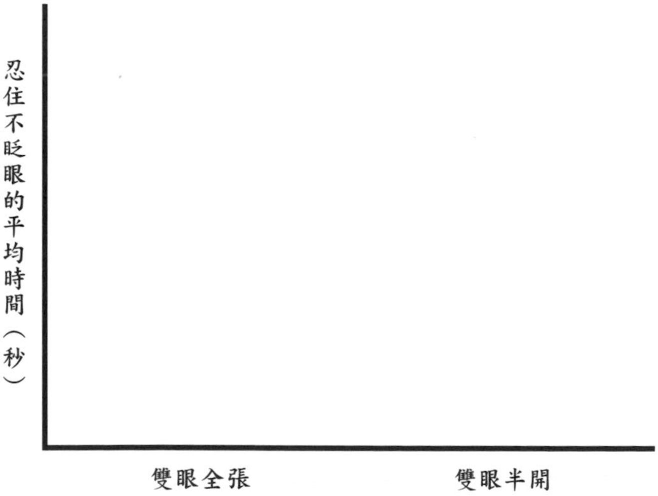

忍住不眨眼的平均時間（秒）

雙眼全張　　雙眼半開

圖五　雙眼全張與雙眼半開情形時，對忍住不眨眼的最長時間的效應（單位為秒）。

問題探究

1. 左眼與右眼之「忍住不眨眼的最長時間」的數值是一樣的嗎？若是同一眼睛測量數次，每次的實驗結果都會一樣嗎？
2. 依據所測量與計算的數據，雙眼睜眼與單眼睜眼時，「忍住不眨眼的最長時間」是否有差異？為什麼？
3. 依據所測量與計算的數據，雙眼全張與雙眼半開時，「忍住不眨眼的最長時間」是否有差異？為什麼？

進階觀察與探究　戴上蛙鏡或眼睛滴入生理食鹽水後是否可加「忍住不眨眼的最長時間」

活動前準備

1. 器材與工具：
   （1）碼表或其他可計時的工具
   （2）蛙鏡
   （3）生理食鹽水
2. 以 2 人或 4 人為一組。

原理簡介

眼睛角膜的水分蒸散與空氣的乾燥程度有關，若空氣越乾燥或是有氣流流動，眼睛角膜越容易變為乾燥而容易引發眨眼反射。如果配戴蛙鏡將眼睛罩住，以減少眼睛角膜的水分蒸散，或是在眼睛表面滴入生理食鹽水以增加角膜的水分，是否可以增加「忍住不眨眼的最長時間」呢？

在「進階觀察與探究」中，探究任務就以「戴上蛙鏡」與「眼睛滴入生理食鹽水」兩種因子，探討兩者對「忍住不眨眼的最長時間」的效應。

實驗過程

1. 戴上蛙鏡對「忍住不眨眼之最長時間」的效應

（1）兩眼輕閉休息約 10 秒後，雙眼張開開始計時，並維持不眨眼的狀態直到忍不住眨眼，紀錄忍不住眨眼的時間長度（單位為秒）。

（2）在蛙鏡的左、右側各滴入一小滴水，戴上蛙鏡後兩眼輕閉休息，約 10 秒後張開雙眼開始計時，並維持不眨眼的狀態直到忍不住眨眼，紀錄忍不住眨眼的時間長度（單位為秒）。

（3）將以上數據紀錄於表三，計算未戴蛙鏡與戴上蛙鏡時，各自「忍不住眨眼的時間長度」的平均，並繪製柱狀圖（圖六）以進行比較。

2. 眼睛滴入生理食鹽水對「忍住不眨眼之最長時間」的效應

（1）兩眼輕閉休息約 10 秒後，雙眼張開開始計時，並維持不眨眼的狀態直到忍不住眨眼，紀錄忍不住眨眼的時間長度（單位為秒）。

（2）雙眼各滴入一小滴生理食鹽水後兩眼輕閉休息，約 10 秒後張開雙眼開始計時，並維持不眨眼的狀態直到忍不住眨眼，紀錄忍不住眨眼的時間長度（單位為秒）。

（3）將以上數據紀錄於表四，計算未滴入生理食鹽水與滴入生理食鹽水時，各自「忍不住眨眼的時間長度」的平均，並繪製柱狀圖（圖七）以進行比較。

科學紀錄與數據處理

1. 戴上蛙鏡對「忍住不眨眼之最長時間」的效應

表三　未戴蛙鏡與配戴蛙鏡情形時，忍住不眨眼的最長時間紀錄（單位為秒）。

受試者								平均
探討因子	未戴蛙鏡							
	配戴蛙鏡							

附註：上述實驗是在不配戴眼鏡、不配戴隱形眼鏡時所測量而得。蛙鏡中先滴入一滴水。

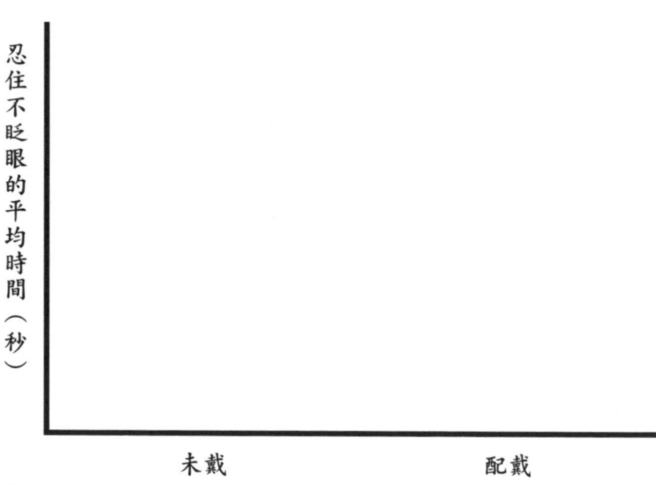

圖六　未戴蛙鏡與配戴蛙鏡時，對忍住不眨眼之最長時間的效應（單位為秒）。

2. 眼睛滴入生理食鹽水對「忍住不眨眼之最長時間」的效應

表四　未滴生理食鹽水與滴生理食鹽水時，忍住不眨眼的最長時間紀錄（單位為秒）。

受試者								平均
探討因子	未滴生理食鹽水							
	滴生理食鹽水							

附註：上述實驗是在不配戴眼鏡、不配戴隱形眼鏡時所測量而得。蛙鏡中先滴入一滴水。

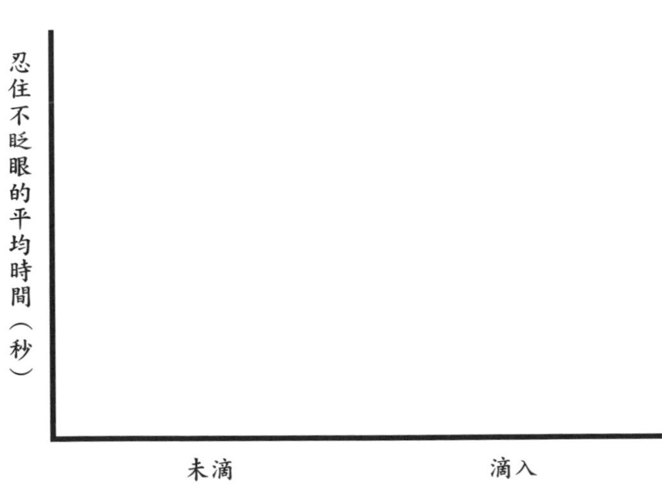

圖七　未滴生理食鹽水與滴生理食鹽水時，對忍住不眨眼之最長時間的效應（單位為秒）。

問題探究

1. 依據所測量與計算的數據，配戴蛙鏡可以增加「忍住不眨眼的最長時間」嗎？為什麼？
2. 依據所測量與計算的數據，在眼睛表面滴入生理食鹽水可以增加「忍住不眨眼的最長時間」嗎？為什麼？

科學家訓練班（開放性的探究活動）

眨眼反射除了因角膜受刺激而引發外，也可透過視覺與聽覺等刺激而引發，例如突然的強光照射或是突然聽到大聲的聲響，也會引發閉眼的反應。如果光線的刺激不是突然的強光刺激，而是持續的弱光或是強光，這樣不同的環境因子是否也會影響眨眼反射呢？

請設計實驗，研究環境中的「光線強弱」，對「忍住不眨眼的最長時間」有何影響呢？

任務回顧與省思

1. 在實驗操作與設計實驗的過程中，哪一步驟的挑戰最大？為什麼？
2. 還可以如何改良或設計實驗，使本次的探究任務能更圓滿的完成？
3. 除了本次的探究任務提供的因子，可能還有哪些因子也會影響眨眼反射或「忍住不眨眼的最長時間」呢？

科學原理剖析

眨眼反射亦稱為角膜反射，受器為是眼睛的角膜。機械性刺激角膜後（圖八），經三叉神經中的感覺神經，傳遞至腦中的橋腦，再經顏面神經中的運動神經，支配動器的運動。眨眼反射的動器為眼輪匝肌，其收縮引發眨眼運動。刺激角膜的方式，包含觸覺、聲波等刺激，反射時間大約 0.1 秒。若以光學方式刺激，例如：物體快速靠近的視覺刺激，所引發的威脅反射（Menace reflex）也是一種眨眼反射，但其反應較慢，其感覺神經為視神經。當一隻眼睛受刺激引發眨眼反射（稱為「直接反射」），另一隻眼睛亦會一併產生反射（稱為「間接反射」）。

健康清醒的人體，大約每 2 至 10 秒會眨眼一次，眼瞼可將淚液塗抹於角膜表面以維持濕潤，若角膜表面過於乾燥，亦會引發眨眼反射以保護角膜。

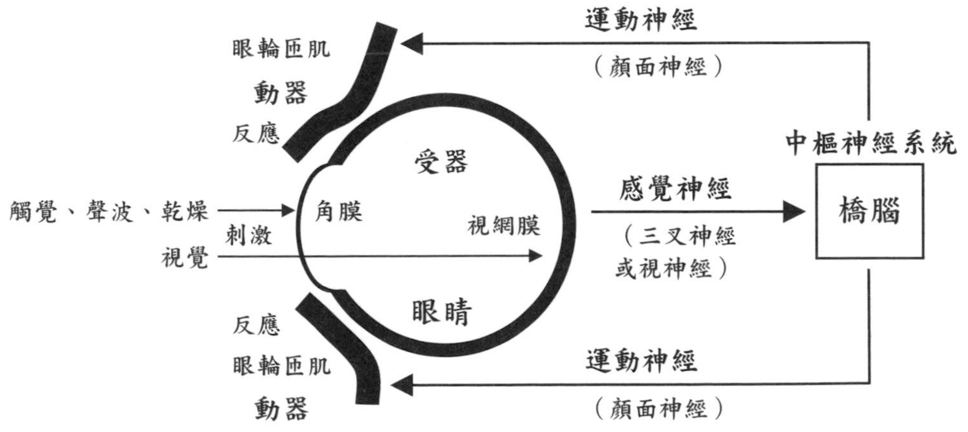

圖八　角膜接受刺激後，經感覺與運動神經的作用，
引發眨眼運動的訊息傳遞路徑。

05 探究任務 紙潛艇

研究調查主題

影響紙張密度與氣體在水中溶解度的因子

任務提示

若將密度比水大的物體丟入水中，這個物體會沉入水中，反之，密度比水小的物體就會浮在水上。若把紙張直接丟到水裡，紙張會浮在水面還是沉下去呢？若先將紙浸入水中而沾濕，濕的紙張會浮在水面還是沉下去呢？要怎麼做才能讓紙張沉入水中呢？

初階觀察與探究　影響紙張密度的因子

活動前準備

1. 器材與工具：剪刀、圖畫紙（或其他纖維較粗而縫隙較明顯的紙張）、槌頭、沙拉油（或其他的食用油）、水、水盆。
2. 以 2 人或 4 人為一組。

原理簡介

一個物體是否能沉入水中，需比較其密度是否比水大。密度是指某物體在單位體積中所含的質量，例如每立方公尺有幾公斤重，此密度單位即為 Kg／m^3。水的密度差不多是 1000 Kg／m^3，也就是 1 g／cm^3。若是某一物體中填塞了密度小的空氣，則這個物體的密度就會減少，所以要判斷某一物體是否會沉入水中，不能只比較該物體材質的密度，還須注意該物體是否有混入其他的物質，例如其他的氣體或液體。

觀察與探究

1. 影響紙張密度的因子

（1）將圖畫紙用剪刀剪成 1×1 公分的紙片，大約 12 片；另剪出 2×2 公分的紙片，大約 3 片。

（2）依據表一，將各紙片進行不同的前置處理。

表一　將紙片進行各種的前置處理。

組別	A	B	C	D	E	F
前置處理	不處理	以水沾濕	以沙拉油沾濕	揉成紙團	以槌頭反覆敲打（打扁）	較大面積的紙片
數量	3 片	3 片	3 片	3 片	3 片	3 片

（3）取一水盆放入清水。依序將 A 至 E 各種前置處理的紙片丟入水中，一次丟入同一組別的 3 張紙片。

（4）觀察各組紙片在水中的沉浮情形，並紀錄於表二。

小小提醒

使用槌頭時須注意自身與旁人的安全。紙張可放在塑膠墊、磚頭或是硬質地面後再以槌頭敲打，以避免破壞桌面或其他器材。

科學紀錄

表二　經過不同前置處理的紙片，在水中浮沉的情形。

組別	A	B	C	D	E	F
前置處理	不處理	以水沾濕	以沙拉油沾濕	揉成紙團	以槌頭反覆敲打（打扁）	較大面積的紙片
在水中的浮沉情形						

問題探究

1. 哪些前置處理可以使紙片沉入水中？
2. 依據實驗結果，你覺得紙張中是否含有其他物質？
3. 紙張主要是由植物纖維所組成的，依據實驗結果，不含空氣的植物纖維，其密度應該比水大還是比水小？

進階觀察與探究　影響氣體在水中溶解度的因子

活動前準備

1. 器材與工具：塑膠針筒（含蓋子）、剪刀、紙張。
2. 以 2 人或 4 人為一組。

小小提醒

本探究活動所使用的塑膠針筒，在購買時可尋找餵食針筒、餵食器或灌食針等商品名。

原理簡介

紙張中含有空氣，會導致紙張的整體密度減少，若能去除紙張中的空氣，就能增加密度而沉入水中。除了利用槌頭敲打，將植物纖維壓實而趕出空氣，也可利用空氣可溶於水的特性，將紙張中的氣體轉變成溶於水的狀態，最後使紙張中的氣體比例下降，使得密度上升。但是要如何增加空氣溶於水的程度呢？

實驗過程

1. 影響氣體在水中溶解度的因子

（1）將圖畫紙用剪刀剪成 1×1 公分的紙片，大約 3 片；另剪出 2×2 公分的紙片，大約 3 片。

（2）將塑膠針筒的蓋子與推桿取出，針筒出口朝下，以手指蓋住出口（圖 A）。

（3）將水到入倒入針筒，水面約至筒身的四分之三高度，再將一片 1 ×1 公分的紙片輕輕放入。

（4）將推桿放入針筒，使針筒內形成閉密空間（圖一 B）。

（5）在手指持續蓋住針筒開口的情形下，讓針筒緩慢地上下反轉，使針筒開口朝上（圖一 C）。

（6）手指放開後，將推桿推入針筒內，使針筒內幾乎沒有空氣，再蓋上針筒的蓋子（圖一 D）。

（7）將針筒開口朝下抵住桌面（圖一 E），觀察紙片在水中的浮沉情形，將觀察結果紀錄於表三。

（8）用力壓迫針筒的推桿，使針筒內壓力增加（圖一 F），觀察紙片在水中的浮沉情形，將觀察結果紀錄於表三。

（9）用力外拉針筒的推桿，使針筒內壓力下降，觀察紙片在水中的浮沉情形，將觀察結果紀錄於表三。

（10）一次觀察一片紙片，共觀察 3 片，將觀察結果紀錄於表三。

（11）再依上述步驟，改放入 2×2 公分的紙片，一次觀察一片，共觀察 3 片，將觀察結果紀錄於表三。

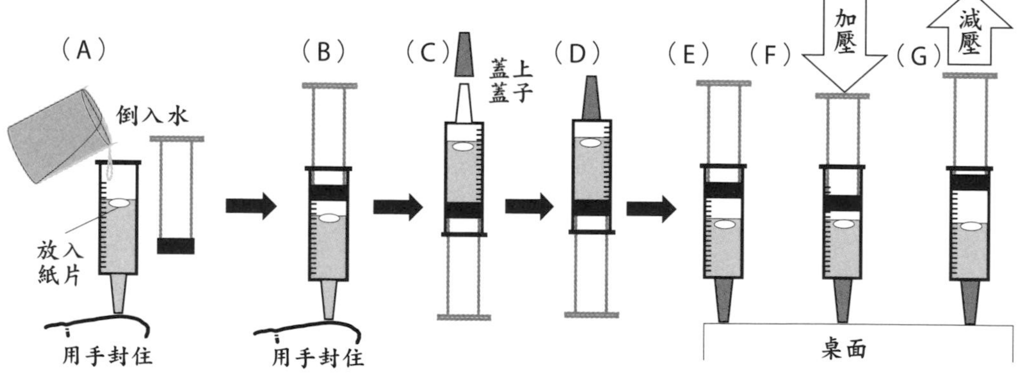

圖一　製作針筒加壓與減壓器的操作過程示意圖。

科學紀錄與數據處理

表三　不同大小的紙片，在水中正常狀態、加壓時與減壓時的浮沉情形紀錄。

	第 1 片			第 2 片			第 3 片		
	正常	加壓	減壓	正常	加壓	減壓	正常	加壓	減壓
1×1 公分的紙片									
2×2 公分的紙片									

問題探究

1. 依據實驗結果，加壓後會讓紙片更容易沉入水中嗎？減壓會讓紙片更容易在水中浮起來嗎？
2. 不同大小的紙張，會影響加壓後讓紙沉入水中的情形嗎（例如：越小張的紙越容易因加壓而沉入水中）？
3. 不同紙張的大小，會影響減壓後讓紙浮出的情形嗎（例如：越小張的紙越容易因減壓而浮起）？

科學家訓練班（開放性的探究活動）

除了壓力這項因子外，溫度也會影響氣體溶於水的溶解度。請設計一個實驗，探討紙片在加壓後可引發沉入水中的現象，是否會受不同水溫的影響？

任務回顧與省思

1. 在實驗操作與設計實驗的過程中，哪一步驟的挑戰最大？為什麼？
2. 你覺得還可以如何改良或設計實驗，使本次的探究任務能更圓滿的完成？
3. 除了本次的探究任務提供的因子，你還想到可能有哪些因子也會影響氣體溶於水的溶解度？

科學原理剖析

英國化學家威廉·亨利（William Henry, 1775～1836）在研究氣體溶於水的溶解性質時，發現在常溫且密閉的容器中，若同時有液體與氣體，且某氣體溶於液體的現象已達平衡，則該氣體溶於液體的濃度，會與該氣體占所有氣體的分壓成正比，這個現象被稱為亨利定律（Henry's law）。

在生活中常常可觀察到亨利定律的現象，例如：將高壓的二氧化碳灌入水可促使二氧化碳溶於水，這就是製作汽水的原理；若是減壓時，原來溶於水的二氧化碳就會形成氣體釋出，這就是打開罐裝汽水（減壓）後會產生大量氣泡（氣體釋出）的原因。

一般影印紙的密度約為 0.74g／cm^3，但植物纖維的密度約為 1.3 至 1.6 g／cm^3，所以紙張會浮在水面，是因為紙張的纖維中藏了空氣，使得紙張的整體密度下降。若在加壓的情形下，會增加紙張中空氣溶於水的溶解度，當紙張中的氣體減少而使紙張的整體密度上升，就有機會沉入水中了。另一方面，若在減壓的情形下，會減少空氣溶於水的溶解度，使得氣體釋出而進入紙張的縫隙中，使紙張的整體密度下降，此時紙張就會浮上水面了。

探究任務 06 看遠看近

研究調查主題

看清楚之最近距離的測量與影響眼睛聚焦的因子

任務提示

人體的眼睛可幫助我們看到這個世界，但有時剛睡醒時或是罹患近視眼時，眼睛看到的物品是模糊的，這是因為光線經過眼睛內部構造的折射後，並沒有聚焦在視網膜上。若要看清楚物品，從物品發出或反射而來的光線，其路徑須經眼睛內構造的調整後，正好聚集於視網膜上，換句話說，人體的眼睛可主動地透過調節光線的折射路徑使光線聚焦，就像是可自動調節的照相機鏡頭。人有兩隻眼睛，兩隻眼睛的聚焦能力一樣嗎？隨著年紀的增長，或是罹患近視或遠視等眼疾，對眼睛的聚焦能力又有什麼影響？戴上眼鏡又為何可改變我們看到的影像呢？

初階觀察與探究　你的慣用眼是哪一個？

活動前準備

1. 約 1 元至 50 元硬幣大小的物件，如：硬幣、橡皮擦等。
2. 以 2 人或 4 人為一組。

原理簡介

人體用兩隻眼睛同時觀察物品，兩眼的視覺訊息會使你看得的物品產生立體影像的感覺，但其實兩眼中的其中一隻眼，是你平時觀看物品時的主要視覺訊息來源，常常稱它為「慣用眼」，也就是主要透過這一隻眼來看東西。慣用眼是左眼還是右眼，每個人都不一樣，要如何得知哪一隻眼是慣用眼呢？慣用眼是平時常使用的眼睛，是否會因使用較多而容易出現視力較差的現象呢？

本探究任務以「慣用眼的判斷方式」與「慣用眼的視力是否會較差」作為探究主題，來了解慣用眼的特性吧。

觀察與探究

1. 眼睛會自動聚焦

（1）雙手向上伸出食指，指腹朝向眼睛。一指置於臉部前方約 20 公分，另一指置於臉部前方約 40 公分，閉上一隻眼，用另一隻眼仔細觀察前方的手指。

（2）用一隻眼仔細觀察遠端食指的指紋，此時視野中，可看清楚近端食指的指紋嗎（圖一 A）？若這一隻眼仔細觀察近端食指的指紋，此時視野中，可看清楚遠端食指的指紋嗎（圖一 B）？

（3）將一隻食指放在眼睛前方約 1、10 或 20 公分處，都可以看清楚手指嗎？哪些距離可看清楚食指上指紋？

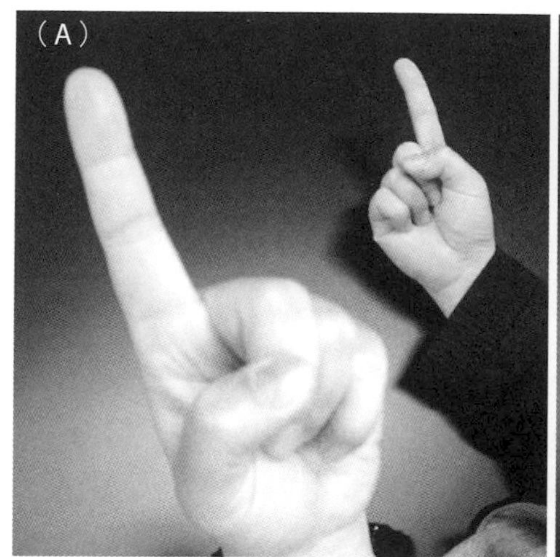

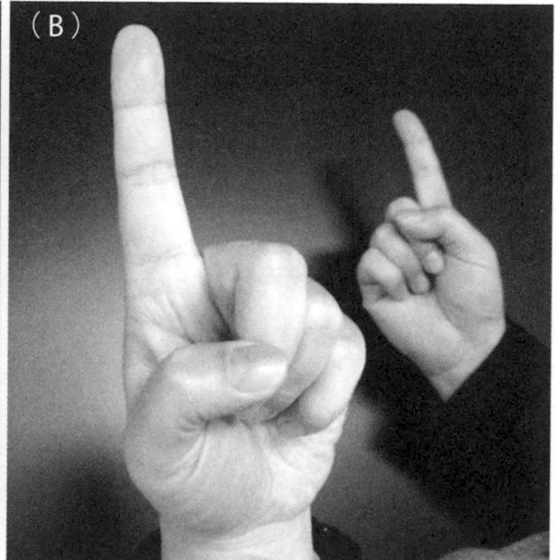

圖一　用一隻眼同時觀察近端與遠端食指。
（A）眼睛對焦在遠端食指。
（B）眼睛對焦在近端食指。

小小提醒

將食指放在眼前 1 公分或 3 公分進行觀察時，要注意眼睛的安全，避免手指戳到眼睛。若因看遠近不同的物體時感到頭暈，須立即停止實驗，坐下或躺下休息，以免跌倒受傷。。

2. 慣用眼的判斷

（1）將兩手四指併攏、伸出拇指，以兩手的虎口作為底端圍出一個三角形的孔洞（圖二 A）。

（2）在桌上放置一觀察物件（硬幣或橡皮擦），將兩手伸直，用兩眼透過兩手圍出的孔洞觀察觀察物件。

（3）將兩手圍出的孔洞縮小，用兩眼觀察，調整兩手圍出之孔洞的大小與形狀，使視野中兩手圍出的孔洞恰好僅能容納觀察物件的大小（圖二 B）

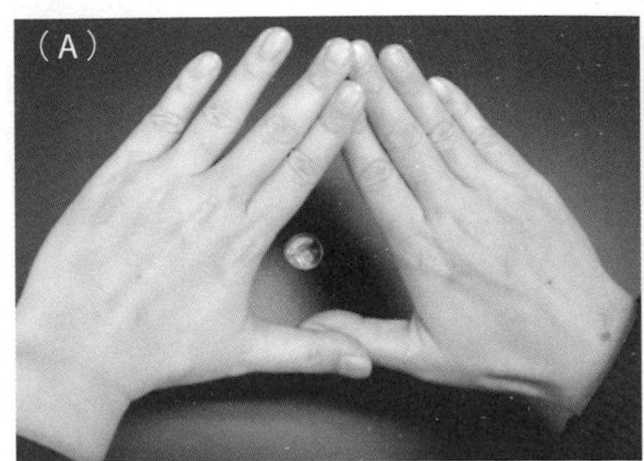

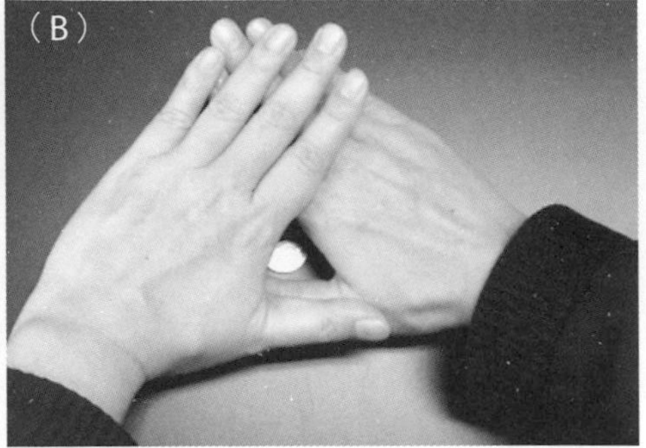

圖二　（A）以兩手的虎口作為底端圍出一個三角形的孔洞，並透過此孔洞觀察觀察物件。
（B）將兩手圍出的孔洞縮小，使視野中兩手圍出的孔洞恰好僅能容納觀察物件的大小。

（4）維持姿勢不變，閉上左眼，僅用右眼觀察，視野中兩手圍出的孔洞中仍可看到觀察物件嗎（圖三 A）？改閉上右眼，僅用左眼觀察，兩手圍出的孔洞中仍可看到觀察物件嗎（圖三 B）？

（5）若僅用某隻眼鏡觀察時，可在視野中兩手圍出的孔洞裡看到觀察物件，代表那一隻眼睛即為慣用眼。用另一隻眼觀察時，視野中的觀察物件則會偏離出兩手圍出的孔洞。

（6）於表一紀錄全班同學的慣用眼（右眼或左眼），同時紀錄受試者的慣用手是左撇子（善用左手）還是右撇子（善用右手）。

（7）統計慣用眼與慣用手各自是「同方向」與「不同方向」的人數。

3. 慣用眼的視力比較差嗎？

（1）以上述方法調查全班同學的慣用眼，紀錄於表二。

（2）調查全班同學兩眼的視力（裸視），並統計慣用眼的視力較佳與慣用眼的視力較差的人數。

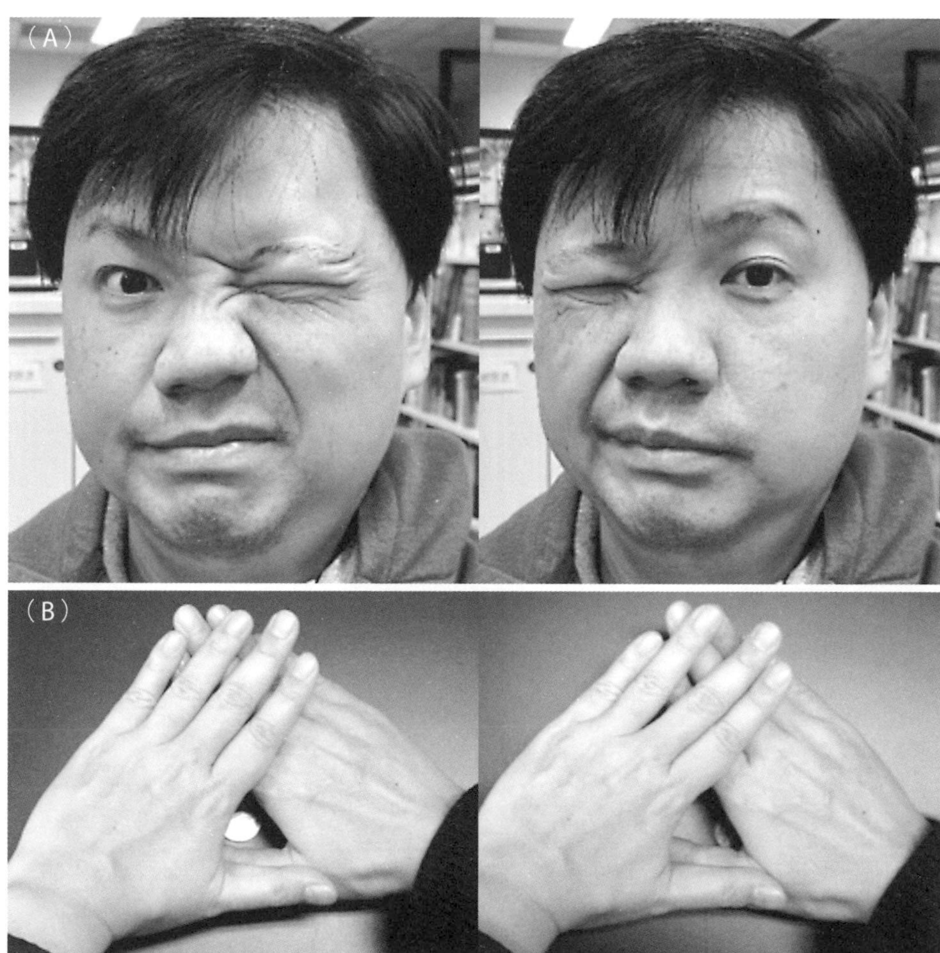

圖三　閉上左眼僅用右眼觀察（A）與閉上右眼僅用左眼觀察（B），觀察視野中兩手圍出的孔洞中是否可看到觀察物件。

科學紀錄

1. 慣用眼與慣用手的紀錄

表一　實驗紀錄表：慣用眼與慣用手的調查紀錄

座號 （編號）	慣用眼	慣用手	慣用眼／ 慣用手 是否同向	座號 （編號）	慣用眼	慣用手	慣用眼／ 慣用手 是否同向
範例	左	左	○	範例	左	右	×
1				21			
2				22			
3				23			
4				24			
5				25			
6				26			
7				27			
8				28			
9				29			
10				30			
11				31			
12				32			
13				33			
14				34			
15				35			
16				36			
17				37			
18				38			
19				39			
20				40			

表二 實驗紀錄表：慣用眼與兩眼視力（裸視）的調查紀錄

座號（編號）	慣用眼	左眼視力	右眼視力	慣用眼的視力較差？	座號（編號）	慣用眼	左眼視力	右眼視力	慣用眼的視力較差？
範例	左	0.8	0.7	X	範例	右	0.8	0.5	○
1					21				
2					22				
3					23				
4					24				
5					25				
6					26				
7					27				
8					28				
9					29				
10					30				
11					31				
12					32				
13					33				
14					34				
15					35				
16					36				
17					37				
18					38				
19					39				
20					40				

問題探究

1. 同一隻眼睛可以同時看清楚兩個「與眼睛有不同距離的手指」嗎？
2. 無論手指距離眼睛的距離為何，都能看清楚手指上的指紋嗎？
3. 依據測量與計算的數據，「慣用眼」與「慣用手」之間有關係嗎？是否「慣用眼」與「慣用手」常在同一側？
4. 依據測量與計算的數據，「慣用眼」與「視力」之間有關係嗎？是否「慣用眼」的視力常較差？

進階觀察與探究　探討「性別」、「年齡」因子對「可看清楚近物的最近距離」的效應

活動前準備

1. 器材與工具：
   （1）30 公分直尺。
   （2）騎尺條紋紙板（附件一）若干。
2. 以 2 人或 4 人為一組。

原理簡介

眼睛可配合物體的遠近，調節光線的路徑使影像聚焦於視網膜上，形成清楚的影像。眼睛中有一個具凸透鏡功能的構造，稱為「晶體」；晶體的形狀可決定物體影像聚焦的位置。當眼睛看遠方的物體時，晶體會調整為較為扁

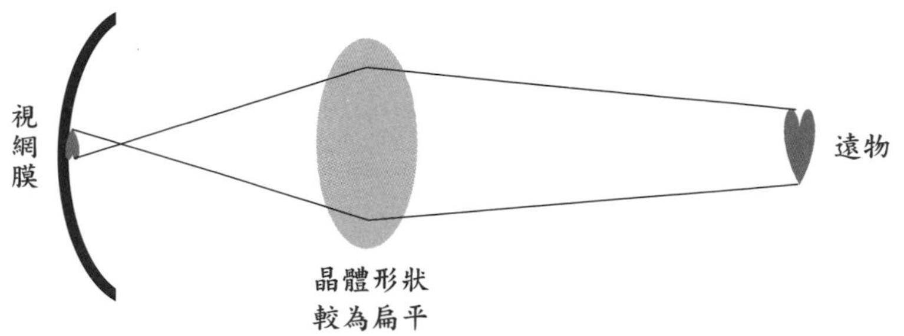

圖四　看遠方的物體時，晶體的形狀較為扁平，以維持影像聚焦在視網膜上。

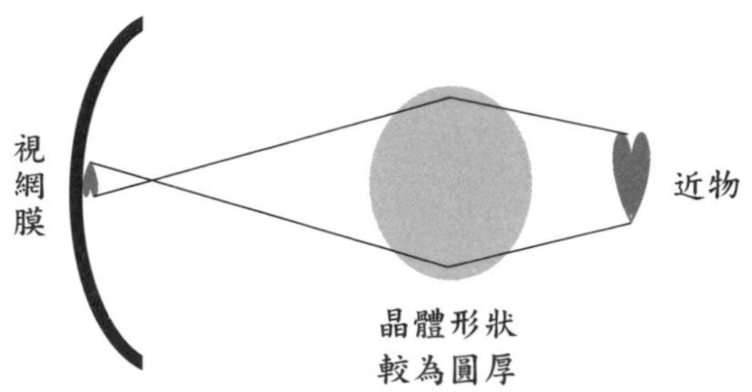

圖五　看靠近的物體時，晶體的形狀較為圓厚，以維持影像聚焦在視網膜上。

平的形狀，此時影像會聚焦在視網膜上（圖四）；當物體靠近眼睛時，晶體會調整為較為圓厚的形狀，使影像依然可聚焦在視網膜上（圖五）。

人的年齡越大，晶體因蛋白質老化而彈性下降（硬化），若眼睛在觀察越靠近的物體時，因晶體的彈性下降，使得晶體的形狀無法變成足夠圓厚，晶體屈光度增加的幅度就會受限（圖六），此時，就無法看清楚近物了。所以會影響晶體彈性的因素，應亦會影響看清楚近物的能力。眼睛看清楚近物的能力是可以量化的，可透過測量眼睛「可看清楚近物的最近距離」，作為測量晶體彈性的指標。

在「進階觀察與探究」中，探究任務就以「性別」與「年齡」兩種因子，探討兩者對「可看清楚近物的最近距離」的效應。

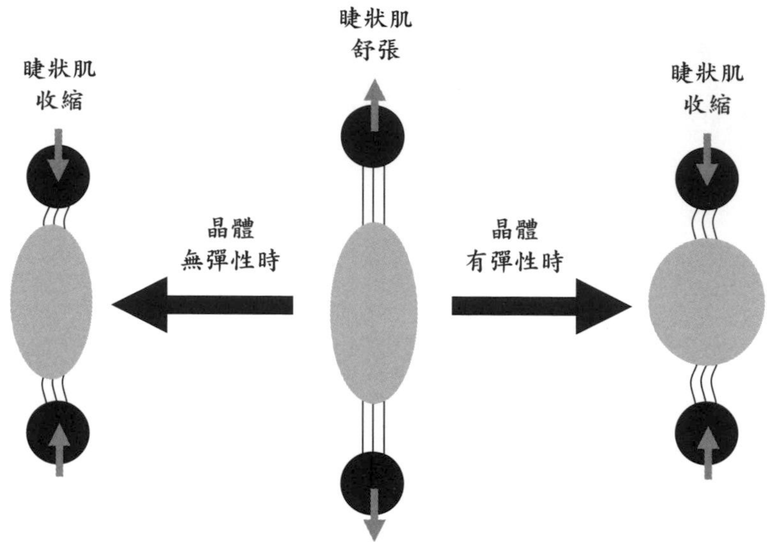

圖六　若晶體彈性下降，當睫狀肌收縮時，晶體已無法恢復成屈光度較大的狀態，近物則會看不清楚。

實驗過程

1.「性別」因子對「可看清楚近物的最近距離」的效應

（1）將附件一（騎尺紙板）剪下對折後，如圖七插在刻度朝上的直尺（長度 30 公分以上）上。

（2）將騎尺紙板上有條紋的那一面朝向自己，同時直尺上的 0 公分處也朝向自己。

（3）在不戴眼鏡的情形下（裸視），將直尺頂在額頭處（圖八），閉上一側的眼睛，只用另一側眼睛觀察騎尺紙板上的條紋，若條紋可以看得清楚，則將騎尺紙板拉靠近眼睛，若條紋看不清楚（模糊），則將騎尺紙板拉遠離眼睛，直到找到適當的距離，可使騎尺紙板的條紋可看清楚的最近距離（單位為公分）。

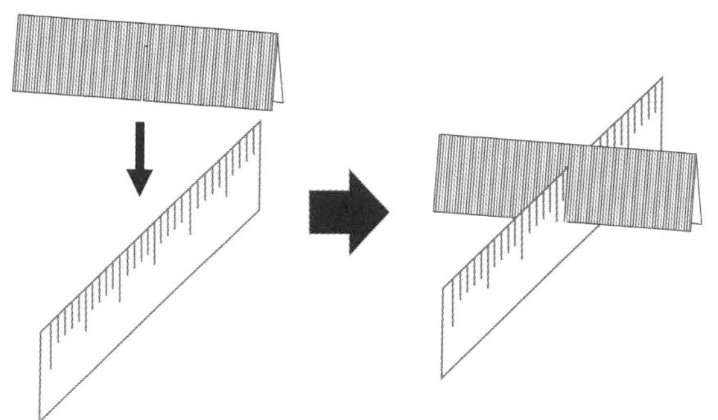

圖七　騎尺紙板對折後，缺口朝下，插在刻度朝上的直尺上。

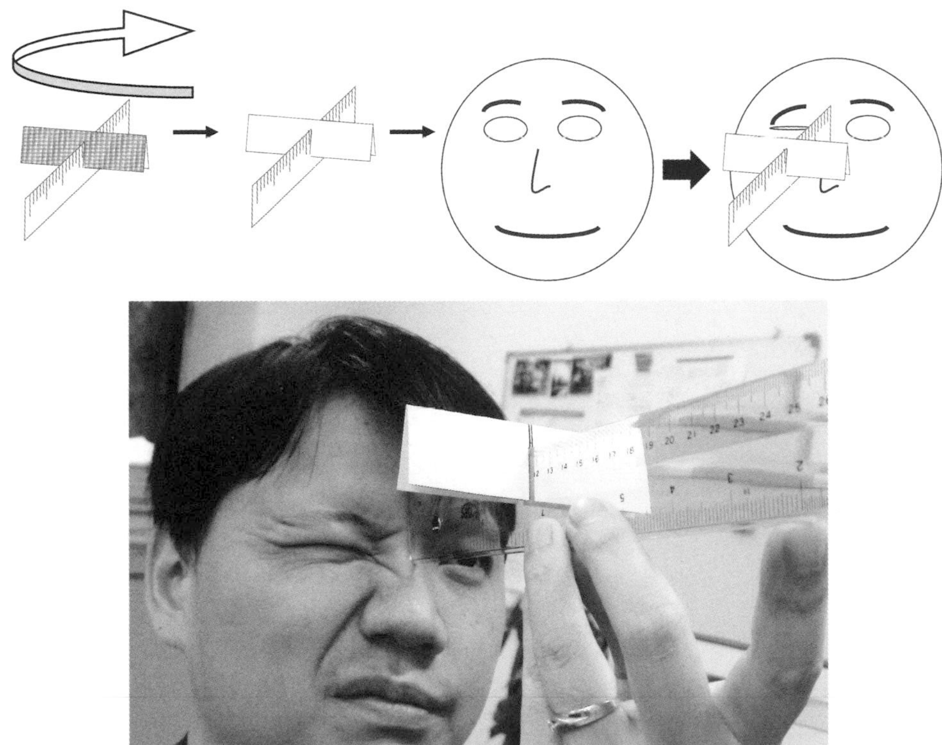

圖八　將直尺頂在額頭處，只用一側眼睛觀察騎尺紙板上的條紋。

（4）除了測量自己雙眼各自的「可看清楚近物的最近距離」，也紀錄全班同學的測量資料，另外也可找尋家人、親戚、朋友等受試對象，儘量找不同性別的受試者，並將受試者的相關資料紀錄於表三。

（5）將男性與女性受試者的「可看清楚近物的最近距離」各自計算出平均數，並繪製柱狀圖（圖九）以進行比較。

2.「年齡」因子對「可看清楚近物的最近距離」的效應

（1）操作過程如上，除了測量自己雙眼的「可看清楚近物的最近距離」，也找尋家人、親戚、朋友等受試對象，儘量找不同年齡階層的受試者，並將受試者的相關資料紀錄於表四。

（5）將不同受試者的年齡分為 0～10 歲、11～20 歲、21～30 歲、31～40 歲、41～50 歲、51～60 歲、60 歲以上共七組，計算各組「可看清楚近物的最近距離」的平均，並繪柱狀圖（圖十）以進行比較。

科學紀錄與數據處理

表三　不同性別的受試者，其「可看清楚近物的最近距離」的紀錄（單位為公分）。

編號	1	2	3	4	5	6	7	8	9	10
性別										
最近距離（公分）										
編號	11	12	13	14	15	16	17	18	19	20
性別										
最近距離（公分）										

表四　不同年齡的受試者，其「可看清楚近物的最近距離」的紀錄（單位為公分）。

編號	1	2	3	4	5	6	7	8	9	10
年齡（歲）										
最近距離（公分）										
編號	11	12	13	14	15	16	17	18	19	20
年齡（歲）										
最近距離（公分）										

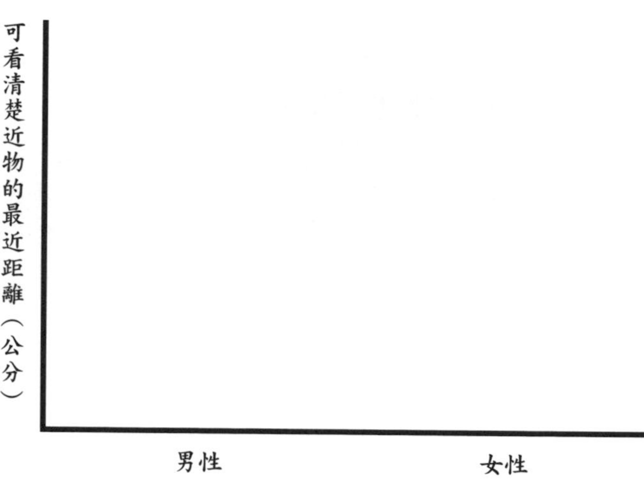

圖九　男性與女性受試者，裸視所測量之「可看清楚近物的最近距離」。

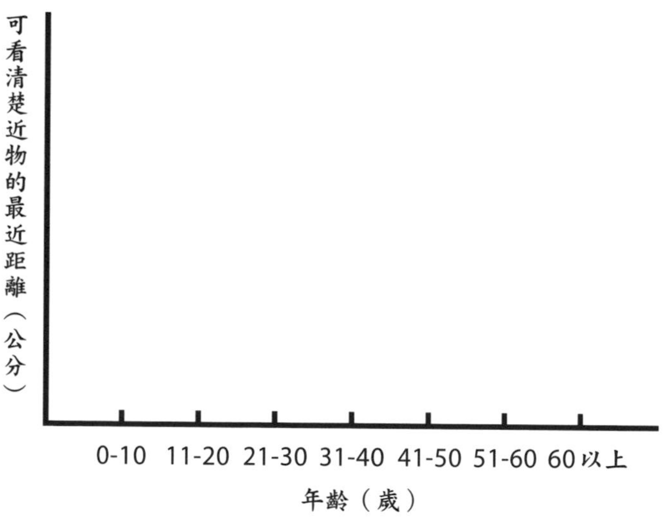

圖十　不同年齡階層的受試者，裸視所測量之「可看清楚近物的最近距離」。

問題探究

1. 你的左眼與右眼，「可看清楚近物的最近距離」的數值是一樣的嗎？若是同一眼睛測量數次，每次的實驗結果都會一樣嗎？
2. 依據測量與計算的數據，你認為「不同性別」對人體眼睛晶體的彈性有何影響？
3. 依據測量與計算的數據，你認為「不同年齡」對人體眼睛晶體的彈性有何影響？

科學家訓練班（開放性的探究活動）

近視眼是常見的文明病之一，班上有許多同學都戴著近視眼鏡，但偶而也可遇到罹患遠視眼的同學。近視眼鏡為凹透鏡，光線穿透時會有散光的效果（圖十一 A）；遠視眼鏡為凸透鏡，光線穿透時會有聚光的效果（圖十一 B）。眼睛前方若有凹透鏡或凸透鏡，對於光線進入眼睛視網膜而成像的路徑有何影響呢？

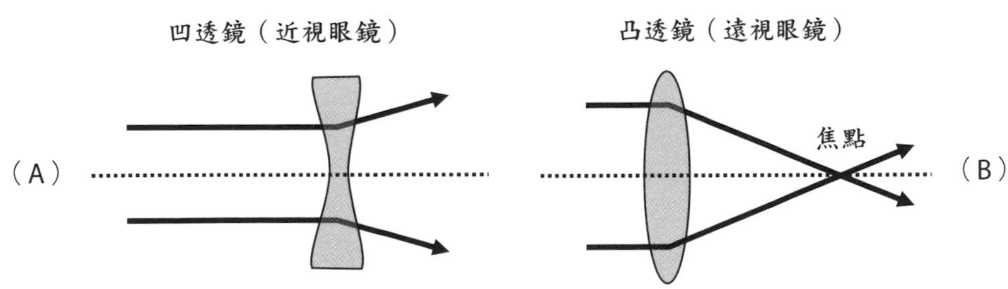

圖十一 （A）近視眼鏡（凹透鏡），有散光的效果。
（B）遠視眼鏡（凸透鏡），有聚光的效果。

請設計實驗，研究戴上近視眼鏡或遠視眼鏡後，對「可看清楚近物的最近距離」有何影響呢？

任務回顧與省思

1. 在實驗操作與設計實驗的過程中，哪一步驟的挑戰最大？為什麼？
2. 還可以如何改良或設計實驗，使本次的探究任務能更圓滿的完成？
3. 除了本次的探究任務提供的因子，還有哪些因子可能也會影響「人體眼睛晶體的彈性」或是「眼睛的對焦情形」？

科學原理剖析

「眼睛的調視反應」是指光線從眼睛的角膜（cornea）進入眼睛後，經過晶體（lens，也稱水晶體）的聚焦，投射到視網膜的感光細胞上，使人體可感知影像。光線進入眼睛後至視網膜上的成像路徑中，可透過晶體屈光度（見下文說明）的改變，進而調節物體影像聚焦的位置。眼睛可配合物體的遠近，調節光線的路徑使影像聚焦於視網膜上，形成清楚的影像。如此調節眼睛結構，使得影像可聚焦於視網膜，使視野清楚的調節作用，稱為眼睛的調視反應（accommodation）。

屈光度（Diopter）又稱為焦度，是用來衡量透鏡或曲面鏡「屈光能力」（使光線轉折的能力）的程度。平行光線經過透鏡或曲面鏡會形成焦距（f），而焦距的長短就可作為屈光能力大小的指標，焦距越短，代表屈光能力越大，故屈光度（φ）常以焦距的倒數（φ ＝ 1 ／ f）表示。國際常用單位為 D，也就是 1 ／公尺，例如：若焦距為 0.5 公尺，則屈光度為 2D。圖十二為各種透鏡與曲面鏡的焦點與焦距示意圖，凸透鏡與凸面鏡的焦距定義為正值，

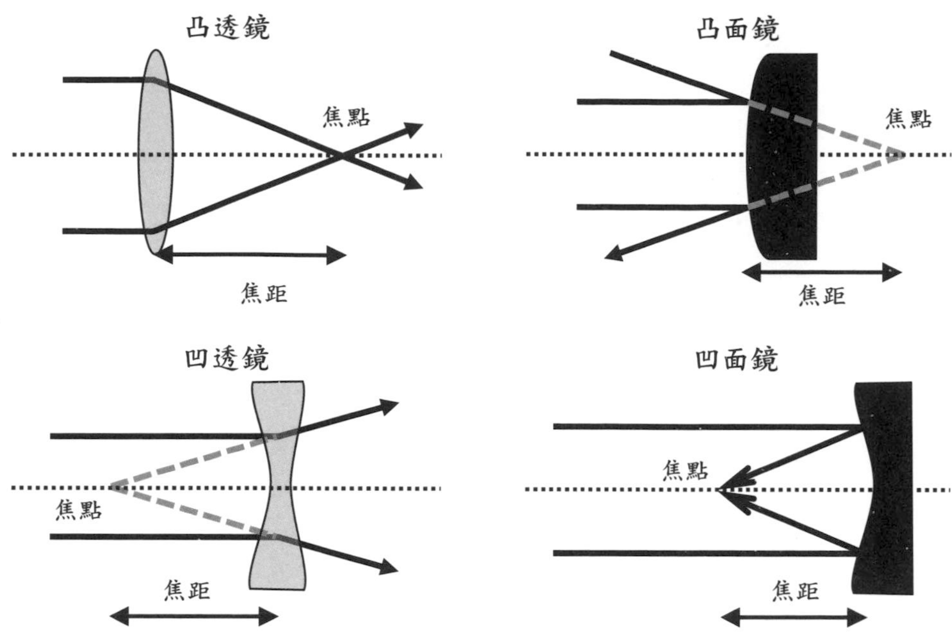

圖十二　凸透鏡、凸面鏡、凹透鏡與凹面鏡的焦點與焦距示意圖。

故其屈光度亦為正值；凹透鏡與凹面鏡的焦距定義為負值，故其屈光度亦為負值。眼鏡上的透鏡亦具有屈光度，常使用「度數」來表示，度數為屈光度（D）的數值乘以 100，例如：若近視眼鏡鏡片（凹透鏡）的屈光度為 -3.0，即為近視 300 度的鏡片。

晶體的屈光度是由晶體周圍的睫體（ciliary body）所控制，睫體連接懸韌帶（suspensory ligament），懸韌帶又連接著晶體。睫體中睫狀肌的收縮，可改變懸韌帶的張力，進而控制晶體的張力與形狀（圖十三）。看近物時，睫體中的睫狀肌收縮，使懸韌帶放鬆，降低對晶體的拉力，使晶體突出（屈光度變大）；視遠物時，晶體扁平（屈光度變小）。這些調節機制有利於物像聚焦於視網膜上（圖十四）。

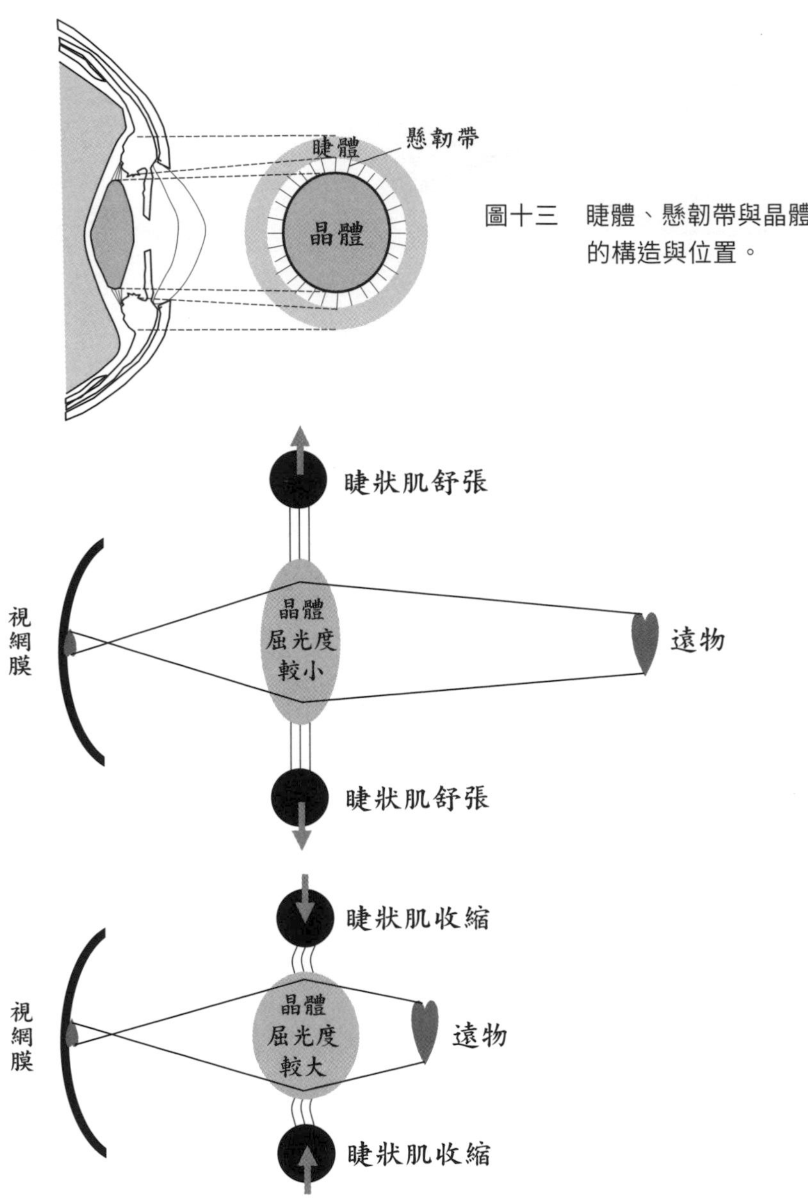

圖十三　睫體、懸韌帶與晶體的構造與位置。

圖十四　看遠物（上圖）與看近物（下圖）時，睫狀肌與懸韌帶狀態，及晶體屈光度的變化。

附件一　測量人體眼睛「可看清楚近物的最近距離」的「騎尺條紋紙板」

07 探究任務

白江起雲霧

研究調查主題

酸鹼質變化對豆漿產生固形物的效應

任務提示

鹹豆漿是中式早餐店常見的食物，與一般加糖的甜豆漿不同，鹹豆漿是以豆漿加入各種配料，並添加白醋使得湯汁中產生有許多結塊的懸浮物。為何豆漿加入白醋後會引發凝固而產生固形物呢？哪些因子會影響豆漿產生固形物的現象呢？這些固形物還能再次溶解嗎？

初階觀察與探究　哪些物質可引發豆漿產生固形物？

活動前準備

1. 器材與工具：豆漿、量杯、紙杯或其他容器、水、醋、小蘇打水、檸檬汁、汽水、其他想測試的溶液、撈油濾網（撈油網杓）、廣用酸鹼指示試紙、棉花棒。
2. 以 2 人或 4 人為一組。

原理簡介

豆漿富含蛋白質，而蛋白質會因溶液中的物質作用或酸鹼值的變化，而引發凝集沉澱的現象，生活中可以找到的各種溶液，都有不同的酸鹼值，酸鹼值常用 pH 值來表示，pH 值的數字越小，代表越為酸性，反之 pH 值的數字越大代表越為鹼性。

廣用酸鹼指示試紙是一種可以測定溶液 pH 值的常用工具，可藉由試紙的顏色變化得知溶液大致的 pH 值，其顏色與 pH 值的對應關係如下：紅色（pH＝4）、橘色（pH＝5）、黃色（pH＝6）、綠色（pH＝7）、藍（pH＝8）、靛（pH＝9）、紫（pH＝10）。

利用廣用酸鹼指示試紙可得知溶液的酸鹼值，可用於測量引發豆漿產生固形物的溶液，其酸鹼值的大小。本探究任務透過測量 pH 值，比較不同酸鹼值的溶液對「引發豆漿產生固形物」的效應。

觀察與探究

1. 不同溶液之酸鹼值的測量與比較

（1）將水、醋、小蘇打水、檸檬汁、汽水或其他想測試的溶液，各自以棉花棒沾附於廣用酸鹼指示試紙。

（2）觀察各廣用酸鹼指示試紙的顏色變化，並比對廣用酸鹼指示試紙所附的試紙顏色與 pH 值對應表，測定出各溶液的 pH 值。

（3）將各溶液所測定的 pH 值紀錄於表一。

2. 不同溶液可否引發豆漿產生固形物的比較

（1）以量杯裝取 20 毫升的豆漿，裝到紙杯或其他容器中；依據待測溶液的種類數量，準備適當杯數的豆漿。

（2）每杯豆漿各自加入 3 毫升的水、醋、小蘇打水、檸檬汁、汽水或其他想測試的溶液。

（3）每杯豆漿以筷子緩慢地攪拌約 1 分鐘後，以撈油濾網過濾，觀察是否具有因凝集而產生的固形物。

（4）將各溶液中所觀察的固形物產生情形，紀錄於表二。

科學紀錄

表一　以廣用酸鹼指示試紙測定不同溶液的 pH。

加入的溶液	水	醋	小蘇打水	檸檬汁	汽水	（其他）	（其他）
pH 值							

表二　豆漿加入不同溶液後，觀察固形物的產生情形。

加入的溶液	水	醋	小蘇打水	檸檬汁	汽水	（其他）	（其他）
固形物的產生情形（文字描述）							

問題探究

1. 哪些溶液在加入豆漿後，可引發凝集而產生固形物？
2. 依據你的酸鹼值測定，實驗的溶液中，何者最酸？何者最鹼？
3. 依據實驗結果，酸鹼值的變化與豆漿引發凝集之間有什麼關係？

進階觀察與探究　豆漿在哪個 pH 值時會產生凝集？

活動前準備

1. 器材與工具：豆漿、量杯、紙杯或其他容器、醋、小蘇打水、撈油濾網（撈油網杓）、廣用酸鹼指示試紙。
2. 以 2 人或 4 人為一組。

原理簡介

豆漿加入白醋後會凝集而產生固形物，這是因為白醋是酸性溶液，加入白醋後會讓豆漿酸鹼值下降（溶液變為更為酸性），就可引發凝集。豆漿在哪個 pH 值的酸鹼值下會引發凝集？豆漿越酸就會產生更多的凝集嗎？

在「進階觀察與探究」中，探究任務就以探討「酸鹼值（pH 值）」等因子，對引發豆漿凝集而產生固形物的效應。

實驗過程

1. 豆漿在不同的 pH 值下，產生固形物情形的比較

（1）以量杯裝取 30 毫升的豆漿，裝到紙杯或其他容器中，共準備 6 杯（編號 1 至 6）。

（2）編號 1 至 6 杯的豆漿，各自加入下表中不同比例的醋與小蘇打水，每杯豆漿皆加入 10 毫升的液體。

杯子編號	1	2	3	4	5	6
醋（毫升）	10	8	6	4	2	0
小蘇打水（毫升）	0	2	4	6	8	10

（3）每杯豆漿以筷子緩慢地攪拌約 1 分鐘後，各以廣用酸鹼指示試紙觸沾豆漿，並比對廣用酸鹼指示試紙所附的試紙顏色與 pH 值對應表，測定出各溶液的 pH 值。

（4）將各溶液所測定的 pH 值紀錄於表三。

（5）以撈油濾網過濾每杯豆漿，觀察是否具有因凝固而產生的固形物。

（6）將各杯豆漿所觀察的固形物產生情形，紀錄於表三。

科學紀錄與數據處理

表三　不同酸鹼值的豆漿，凝集而產生固形物的情形紀錄。

杯子編號	1	2	3	4	5	6
醋（毫升）	10	8	6	4	2	0
小蘇打水（毫升）	0	2	4	6	8	10
pH 值						
固形物的產生情形（文字描述）						

問題探究

1. 依據實驗結果，豆漿加入醋的比例越高，酸鹼值是否越低（pH 值越小）？
2. 依據實驗結果，產生固形物最多的豆漿，是 pH 值最小的那一杯嗎？
3. 依據實驗結果，酸鹼值的變化與豆漿引發凝集之間有什麼關係？

科學家訓練班（開放性的探究活動）

豆漿加入白醋後會凝集而產生固形物，這是因為在特定的酸鹼值下，豆漿中的蛋白質最容易因凝集而產生固形物，一般豆漿的 pH 值約為 6.8 至 7.0，當 pH 改變至 4.2 至 4.6 時，豆漿因凝集所產生固形物最多。如果豆漿因加了白醋而凝集，此時再加入酸性溶液或是鹼性溶液，使 pH 值更小或是使 pH 值增加，已經凝集的蛋白質可以再度溶解嗎？

請設計實驗，證明已經因凝集而產生固形物的豆漿，可否因酸鹼值的改變，而使已凝集的蛋白質再度溶解，讓固形物消失？

任務回顧與省思

1. 在實驗操作與設計實驗的過程中，哪一步驟的挑戰最大？為什麼？
2. 還可以如何改良或設計實驗，使本次的探究任務能更圓滿的完成？
3. 除了本次的探究任務提供的因子，還有哪些因子可能也會影響豆漿中蛋白質的凝集情形呢？

科學原理剖析

本段引用自：蔡任圃，2021。《生物學學理解碼 2》紅樹林出版社

蛋白質是由胺基酸所組成，胺基酸分子中含有胺基、羧基與側鏈，側鏈的種類決定了胺基酸的種類。在不同的酸鹼值環境中，胺基酸分子中的胺基、羧基與側鏈會呈現不同的電荷情形，一般而言，在越偏向酸性的溶液中，胺基酸所帶的電荷越偏正電荷；反之，在越偏向鹼性的溶液中，胺基酸所帶的電荷越偏負電荷（圖一），而不同種類的胺基酸，因側鏈的種類不同，在不同的酸鹼值溶液中所帶的電荷亦不同。

不同的蛋白質是由不同種類與數量的胺基酸所組成，故不同種類的蛋白質在不同的酸鹼值溶液中所帶的電荷亦不同（圖二）。當特定蛋白質在特定酸鹼值的溶液中，其攜帶的淨電荷為 0（正電荷數量等於負電荷數量），該 pH 值稱為該蛋白質的等電點（Isoelectric Point, pI）。

蛋白質所攜帶的電荷情形會影響蛋白質分子之間的作用力，進而影響蛋

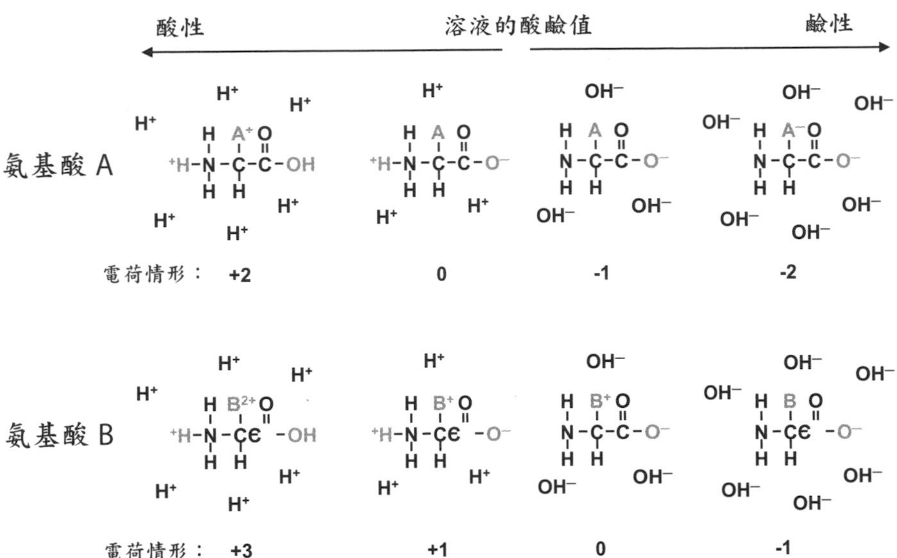

圖一　在不同酸鹼值的溶液中，不同胺基酸的帶電荷情形示意圖。
分子結構式中的 A 與 B 分別代表胺基酸 A 與胺基酸 B 的側鏈。

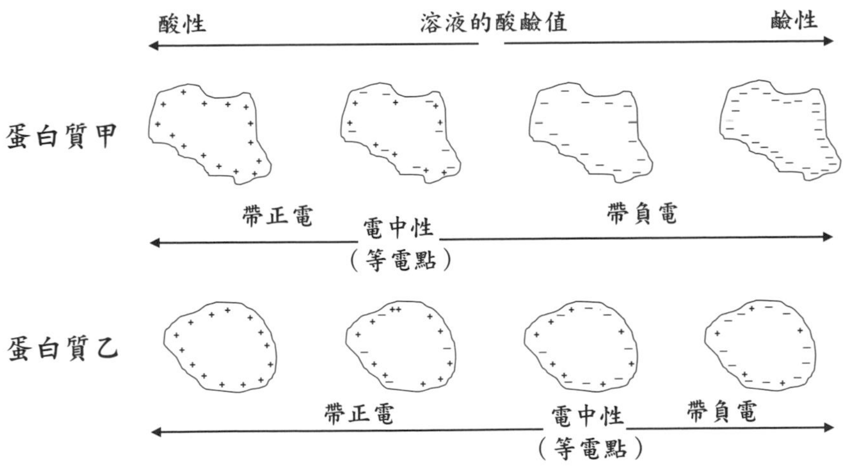

圖二　在不同酸鹼值的溶液中，不同蛋白質的帶電荷情形示意圖。

白質在溶液中的溶解度。當溶液中蛋白質分子的淨電荷皆帶同一電性（例如淨電荷皆為正電），會因分子間相斥而分離，產生溶於水的現象；但當某蛋白質溶液的 pH 值達該蛋白質的等電點，則蛋白質分子的淨電荷為 0，分子間的相斥現象最為微弱，且蛋白質分子之間不同的電荷的區域可相互吸引，使得蛋白質分子凝聚而沉澱（圖三中的等電點）。

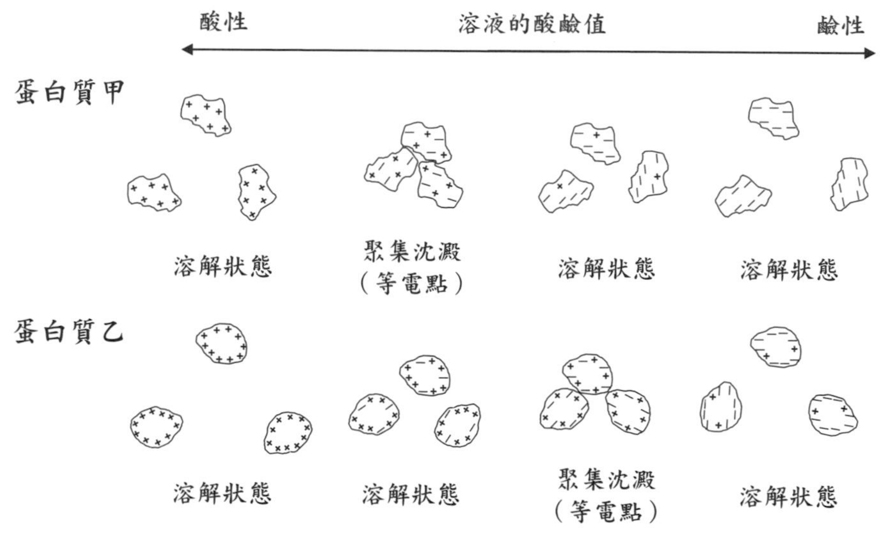

圖三　蛋白質溶液的 pH 值在等電點時，易產生蛋白質沉澱的示意圖。

豆漿中富含大豆蛋白，大豆蛋白在不同酸鹼值的溶液中，其溶解度不同（圖四），其原理即為上述「蛋白質在等電點時易產生蛋白質沉澱」。大豆蛋白的等電點大約在 pH 4.2 至 4.6，在 pH 值為 4.5 時其溶解度最小，約為 7%；在強酸或鹼性溶液中，大豆蛋白的溶解性增加。一般豆漿的 pH 值約為 6.8 至 7.0，在此酸鹼值狀態下，大豆蛋白的靜電荷為負電；在加入酸之後，pH 值下降至大豆蛋白的等電點（pH = 4.5），引發大豆蛋白沉澱結塊。

同樣的原理，牛奶中富含酪蛋白（casein），酪蛋白在不同酸鹼值的溶液中，也表現出不同的溶解度（圖五），酪蛋白的等電點大約在 pH 4.6。一般牛奶的 pH 值是 6.6，因此可知酪蛋白在牛奶中帶負電，再加入酸之後，pH 值下降至酪蛋白的等電點（pH = 4.6），引發酪蛋白沉澱結塊。

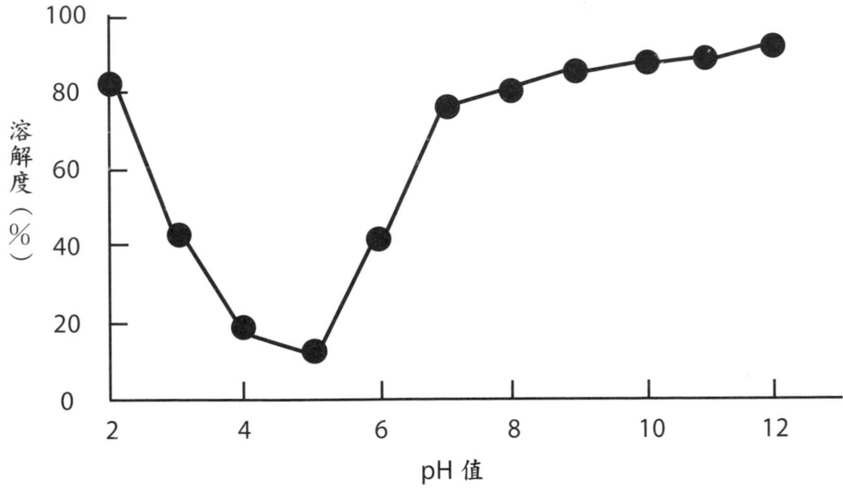

圖四　大豆蛋白在不同 pH 值之溶液中的溶解度。

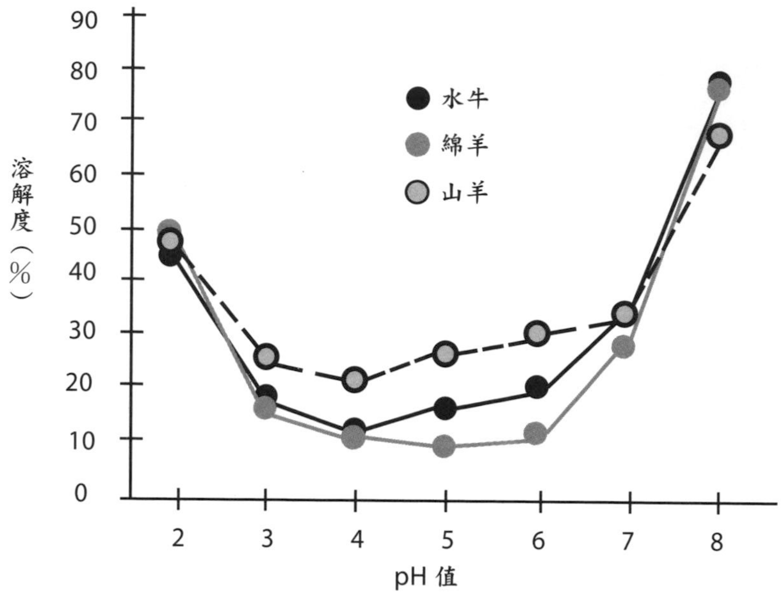

圖五　水牛、綿羊與山羊乳汁中的酪蛋白，在不同 pH 值溶液中的溶解度（%）。

08 探究任務 苗小葉大

研究調查主題

葉片大小與在植株上分布的關係

任務提示

植物從種子發芽開始，葉子一直都是植物的重要器官，不同植物的體形大小不同，葉子的數量、形態與大小也不同。即使是同一株植物，生長在不同位置的葉子，也常常有大小與形態的差異。我們要如何觀察與比較葉的外型？葉子的大小會受哪因子的影響呢？

初階觀察與探究　如何測量葉子的大小？

活動前準備

1. 器材與工具：可照相的設備（如照相機或手機）、電子秤、電腦、印表機、B4 影印紙、已知直徑的球（如保麗龍球、乒乓球、小皮球等）、剪刀。
2. 以 2 人或 4 人為一組。

原理簡介

測量葉子的面積常用「方格紙法」：將葉子放在方格紙上，以鉛筆描繪出葉子的邊緣後，再計算方格紙中葉子的面積（圖一），其計算方式如下：葉子的範圍包含了多少完整方格與多少不完整的方格，不完整的方格視為半個方格，因此計算出葉子面積範圍的方格數，再將葉子面積範圍的方格數乘以方格面積，即可得葉子的面積。

葉子面積範圍的方格數＝完整方格數量＋$\frac{1}{2}$×不完整方格數量

葉子面積＝葉子面積範圍的方格數×單一格子面積

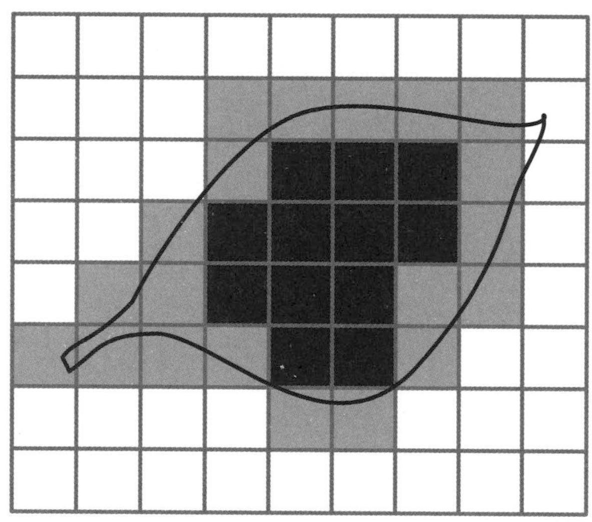

圖一　以方格紙法測量葉子面積的示意圖。黑線所圍的區域為葉子的範圍，黑色方格代表 " 完整方格 "（共 12 個），灰色方格代表 " 不完整方格 "（共 20 個），故葉子共占 12 ＋$\frac{1}{2}$×20 ＝ 22 個方格，若每方格面積為 1 平方公分，則葉片面積為 22 平方公分。

上述的「方格紙法」雖然原理單純，但在操作時效率較差，若要分析的葉子數量較多時，就需要花費許多時間。測量葉子的面積也可應用影像分析與比例尺對比的方法，本探究活動利用照相後所得的葉子影像，與已知面積的比例尺，即可算出葉子面積。

觀察與探究

1. 測量同一植株之葉子大小的方法

（1）尋找一適當草本植株，個體不要太大，葉子數量最好介於 5 至 20 片的範圍內。

（2）將該植株的莖部基部剪斷，不能破壞葉子，將取下的植株帶回教室或實驗室。

（3）將葉片由植株上方往下方的方向，一片一片取下，當取下一片葉片，立即依順序放置在白紙上（圖二），並寫下編號。放置妥當後再取下一片葉子。

（4）當所有葉子皆取下後，在放置葉片的白紙旁放置已知直徑的球（稱為比例尺球）。

（5）以照相設備由上而下拍攝所有葉片與比例尺球，拍攝俯視照片。

（6）將照片以印表機列印（紙張越大效果越好，例如以 B4 的紙列印）。

（7）以剪刀剪下照片中的比例尺球，與各編號的葉片。

（8）利用電子秤，各自秤量比例尺球與各編號葉片之照片紙片的質量，將數據紀錄於表一。

（9）利用比例尺球照片紙片與葉片照片紙片的質量比例，推算葉子的面積。

（10）將不同編號的葉片面積數據，於圖三畫製成柱狀圖進行比較。

圖二　同一植株由上端至下端的所有葉子，照片中的比例尺球直徑為 5 公分（投射面積為 78.54 平方公分）。

2. 測量不同植株之葉子大小的方法

（1）尋找兩株不同種類草本植株，一植株的葉片為平行脈，另一植株的葉片為網狀脈，個體不要太大且兩者相近，葉面數量最好少於 20 片。

（2）將兩植株的莖部基部剪斷，不能破壞葉子，將取下的植株帶回教室或實驗室。

（3）如同「測量同一植株之葉子大小的方法」的操作方法，測量兩植株照片中比例尺球、植株各葉子之照片紙片的質量，將數據紀錄於表二。

（4）利用比例尺球照片紙片與葉片照片紙片的質量比例，推算葉子的面積。

（5）計算兩種植株的葉片面積總和，於圖四畫製成柱狀圖進行比較。

科學紀錄

表一　「同一植株中不同葉片面積的紀錄與測量」實驗數據紀錄表。
（可依需求增減表格列數量）

比例尺球的投射面積 ＝ πr^2 ＝＿＿＿＿＿＿＿＿（*A*）平方公分

葉片編號	葉片紙片質量（公克）	比例尺球紙片質量（公克）	葉片區域面積（平方公分）
1（頂端）			
2			
3			
4			
5			
6			
7			
8			
9			
10			
11			
12			
13			
14			
15			
16			
17			
18			
19			
20（底端）			
公式	B	C	$\frac{B}{C} \times A$

表二　「不同植株中不同葉片面積的紀錄與測量」實驗數據紀錄表。
（可依需求增減表格列數量）

比例尺球的投射面積 ＝ πr^2 ＝＿＿＿＿＿＿＿＿＿（A）平方公分

植物種類	具平行脈葉子的植物			具網狀脈葉子的植物		
葉片編號	葉片紙片質量（公克）	比例尺球紙片質量（公克）	葉片區域面積（平方公分）	葉片紙片質量（公克）	比例尺球紙片質量（公克）	葉片區域面積（平方公分）
	B	C	$\frac{B}{C} \times A$	B	C	$\frac{B}{C} \times A$
1（頂端）						
2						
3						
4						
5						
6						
7						
8						
9						
10						
11						
12						
13						
14						
15						
16						
17						
18						
19						
20（底端）						
平均						

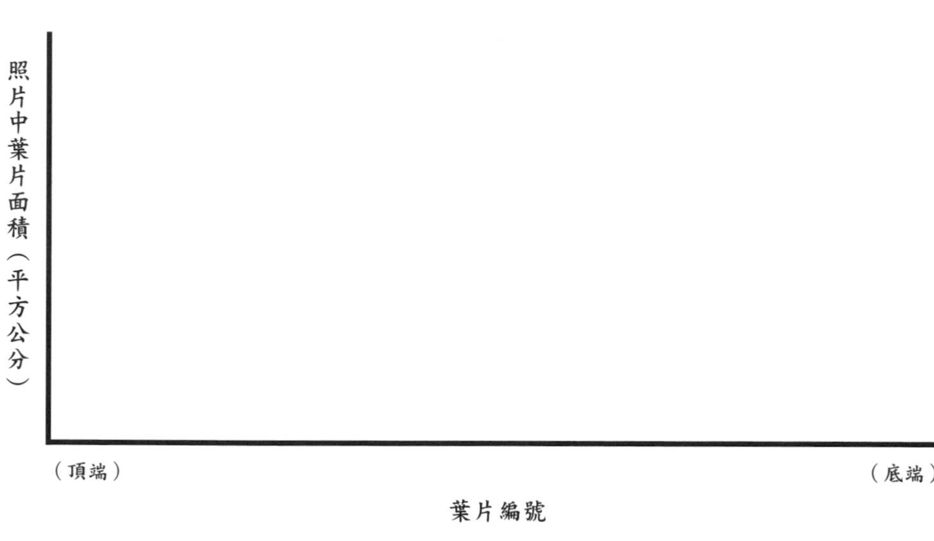

圖三　同一植株中不同葉片的面積比較（柱狀圖）。

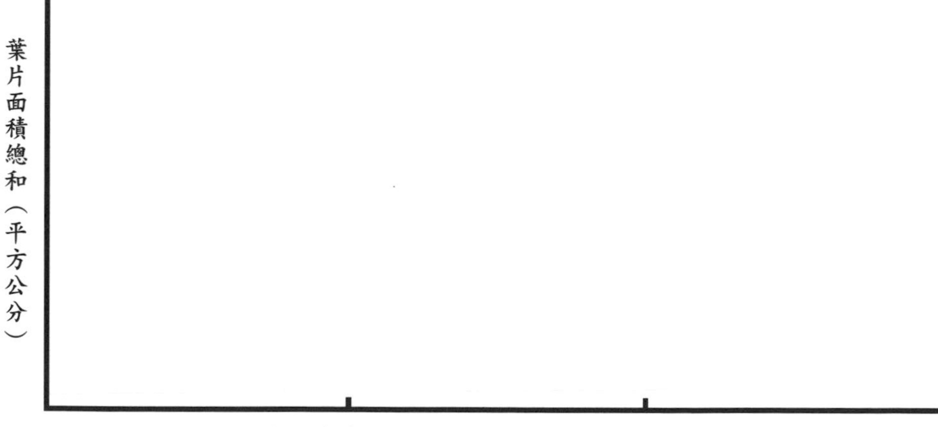

圖四　不同植株的葉片面積總和比較（柱狀圖）。

問題探究

1. 依據實驗數據，同一植株中不同的葉片，其面積的大小是一樣的嗎？
2. 依據實驗數據，同一植株中不同的葉片，其面積的大小變化有明顯的趨勢嗎（例如：越底層的葉子面積愈大）？
3. 不同的植物，不同部位葉子的面積大小變化趨勢是一致的嗎？
4. 依據實驗結果，你所觀察的兩種植物，何者的單一葉片面積較大？何者的葉片面積總和較大？

進階觀察與探究　影響葉子面積與質量的環境因子

活動前準備

1. 器材與工具：可照相的設備（如照相機或手機）、電子秤、電腦、印表機、B4 影印紙、已知直徑的球（如保麗龍球、乒乓球、小皮球等）、剪刀。
2. 以 2 人或 4 人為一組。

原理簡介

科學家在研究環境因子影響植物葉片的發育時，常測量一項稱為「比葉面積」（Specific leaf area, SLA）的指標。「比葉面積」為葉片單位乾重的葉片面積（單位：平方公分／公克）。科學家發現在熱帶雨林中，高亮度環境（例如樹冠層的葉片）的葉片，比葉面積常小於在低亮度環境中的葉片（例如在森林中的中、低層的葉片），這代表較光亮環境中所生長的葉子，其面積較小而厚；而在較暗的環境中，葉子面積較大而薄。

除了環境的光線強弱會影響葉片的比葉面積，幼葉與老葉具有不同的比葉面積嗎？在「進階觀察與探究」中，探究任務就以探討「葉子的年齡」等因子，對葉片比葉面積的效應。

實驗過程

1. 測量同一植株之幼葉與老葉的比葉面積

（1）尋找同一植株，體型不限，取下位於枝條末端的幼葉 3 片，與位於枝條基部的老葉 3 片。

（2）將幼葉與老葉放置於白紙上，旁邊放置已知直徑的球（比例尺球）。

（3）以照相設備由上而下拍攝所有葉片與比例尺球，拍攝俯視照片。

（4）將照片以印表機列印（紙張愈大效果越好，例如以 B4 的紙列印）。

（5）以剪刀剪下照片中的比例尺球，與各編號的葉片。

（6）利用電子秤，各自秤量比例尺球與各編號葉片之照片紙片的質量，將數據紀錄於表三。

（7）利用比例尺球照片紙片與葉片照片紙片的質量比例，推算葉子的面積。

（8）將幼葉與老葉放入烤箱或烘碗機烘乾，再以電子秤測量質量，紀錄於表三。

（9）計算各葉片的比葉面積，各自計算幼葉與老葉的平均比葉面積，於圖五畫製成柱狀圖以進行比較。

科學紀錄與數據處理

表三　不同植株中不同葉片面積的紀錄與測量」實驗數據紀錄表。
（可依需求增減表格列數量）。

比例尺球的投射面積 = πr^2 = ________（A）平方公分

	葉片編號	葉片紙片質量（公克）	比例尺球紙片質量（公克）	葉片區域面積（平方公分）	乾重（公克）	比葉面積（平方公分／公克）
		B	C	$\frac{B}{C} \times A = D$	E	$\frac{D}{E}$
幼葉	1					
	2					
	3					
	平均					
	葉片編號	葉片紙片質量（公克）	比例尺球紙片質量（公克）	葉片區域面積（平方公分）	乾重（公克）	比葉面積（平方公分／公克）
		B	C	$\frac{B}{C} \times A = D$	E	$\frac{D}{E}$
老葉	1					
	2					
	3					
	平均					

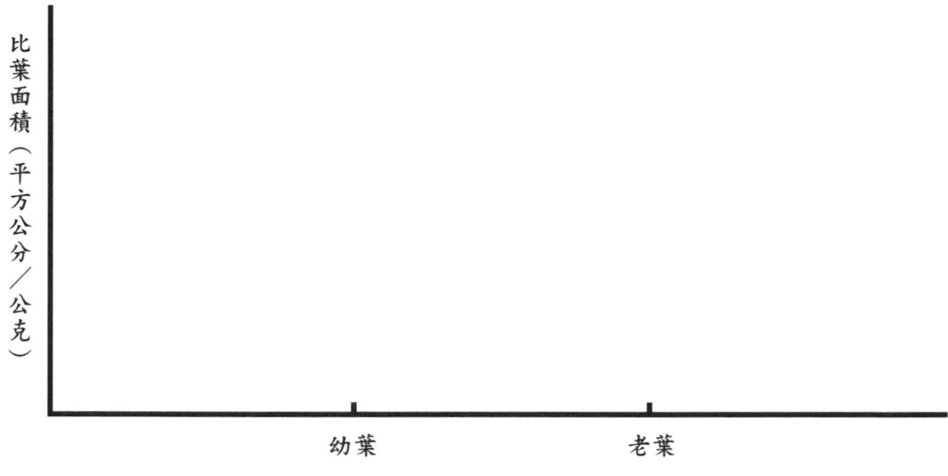

圖五　幼葉與老葉的平均比葉面積比較（柱狀圖）。

問題探究

1. 為何測量「比葉面積」時，需測量葉片的乾重，而非濕重（或稱為鮮重）？
2. 依據實驗結果，幼葉與老葉何者的平均面積較大？
3. 依據實驗結果，幼葉與老葉何者的平均乾重較大
4. 依據實驗結果，幼葉與老葉何者的平均比葉面積較大？

科學家訓練班（開放性的探究活動）

植物的葉子具有不同的形態（圖六），若植物的葉片為一片完整的葉片，稱為單葉；但許多植物的葉子不是邊緣平整的一片葉子，而是邊緣凹陷使葉子含有許多簍空的區域，這些葉子稱為裂葉；甚至有些種類的植物，葉片邊緣的凹陷直達葉脈，看起來就像是分成許多小葉子一般，這樣的葉子稱為複葉。單葉、裂葉與複葉間的形態差異很大，它們會有相似的比葉面積嗎？

請設計實驗，比較單葉、裂葉與複葉的比葉面積，探討單葉、裂葉與複葉等不同的形態的葉子，是否具有相似的比葉面積？

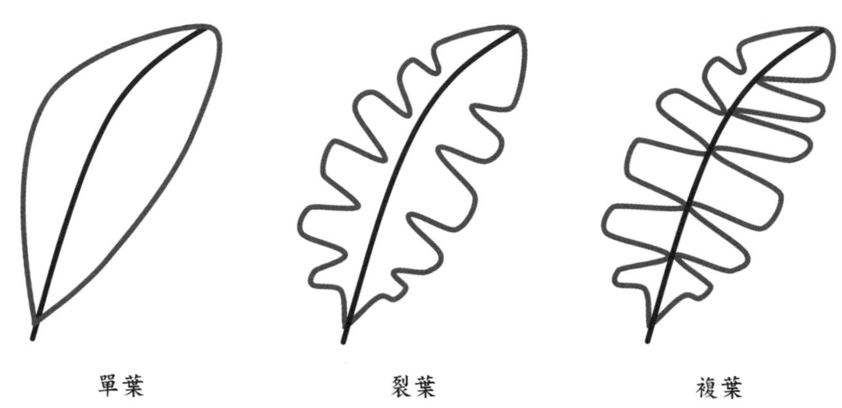

圖六　單葉、裂葉與複葉的葉子形態示意圖。

任務回顧與省思

1. 在實驗操作與設計實驗的過程中，哪一步驟的挑戰最大？為什麼？
2. 還可以如何改良或設計實驗，使本次的探究任務能更圓滿的完成？
3. 除了本次的探究任務提供的因子，還有哪些因子可能也會影響葉子的面積或乾重呢？

科學原理剖析

科學家曾在熱帶雨林中，調查 9 種喬木葉片的「比葉面積」，發現在高亮度環境（例如樹冠層的葉片）的葉片，比葉面積小於在低亮度環境中的葉片（例如在森林中的中、低層的葉片）（圖七）。

為何測量「比葉面積」時，需測量葉片的乾重，而非濕重（或稱為鮮重）呢？測量生物體乾重的目的，是為了評估生物體內有機物質的含量，可進而推算生物體所含之能量大小。水為無機物，且佔生物體成分的比例高，容易影響生物體的濕重（鮮重），而無法有效反映出生物體內有機物質的含量。故在估計生物體有機物質（或所含能量）時，以測量乾重較為適當。

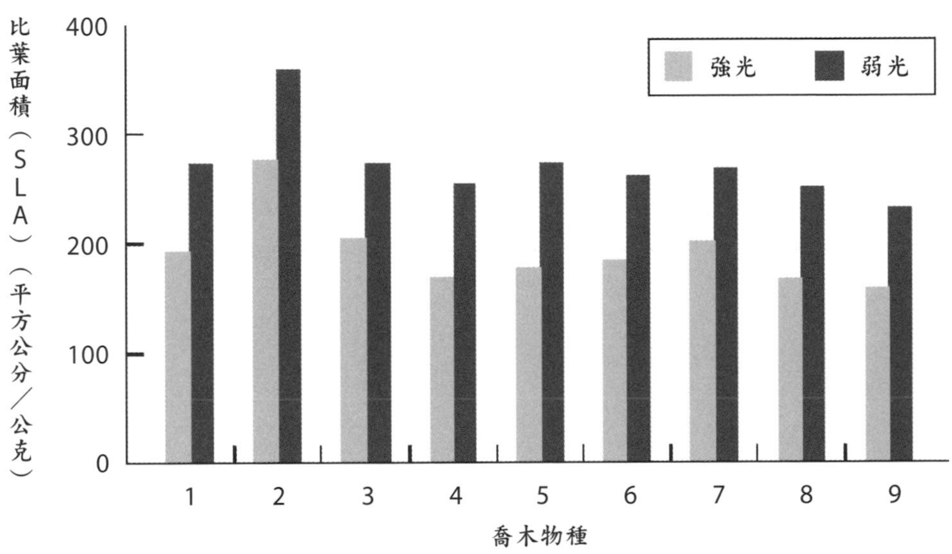

圖七　9 種熱帶雨林的喬木，分別採集生長於高亮度與低亮度環境中的葉片，其葉片之「比葉面積」的比較。

09 探究任務
黑白碘

研究調查主題

維生素 C 與雙氧水的氧化還原能力

任務提示

細胞代謝過程會產生許多過氧化物，這些物質會讓細胞內的蛋白質、DNA 等物質因氧化而受損，進而危害人體健康。許多健康食品號稱含有抗氧化物質，這些物質可以幫助細胞抗氧化？什麼是氧化與抗氧化？可以透過實驗操作的方式，比較不同物質的抗氧化能力嗎？

初階觀察與探究　維生素 C 與其他物質的抗氧化能力比較

活動前準備

1. 器材與工具：碘液、維生素 C、綠茶粉、檸檬汁、雙氧水、透明塑膠杯或玻璃杯、水、滴管。
2. 以 2 人或 4 人為一組。

小小提醒

本探究活動所使用的碘液，在購買時可尋找優碘等商品名，維生素 C 可購買市售的維生素 C 片即可。

原理簡介

若能使其他物質氧化的藥劑稱為氧化劑，反之，能使其他物質還原的藥劑稱為還原劑，還原劑又稱為抗氧化劑；雙氧水是常見的氧化劑，維生素 C 是常見的還原劑（抗氧化劑）。要如何得知這些物質的氧化／抗氧化能力呢？

優碘（碘液）中含有碘分子，碘分子（I_2）呈現黃褐色，若碘分子被還原成碘離子（I^-）時會呈無色，因此可利用某物質加入碘液後，碘液從黃褐色轉變成無色的程度，比較該物質的還原能力（抗氧化能力）。

碘分子（I_2，黃褐色）→ 還原成 → 碘離子（I^-，無色）

觀察與探究

1. 各種物質的抗氧化能力比較

（1）待測物質先進行前處理，使待測物呈現粉末或是溶液的狀態，例如：維生素 C 錠打碎成粉末。

（2）準備至少 4 個透明杯子，皆倒入一樣體積的水。

（3）每個水杯中加入一樣體積的碘液，例如：皆滴入 5 滴的碘液。碘液滴入的體積以實際情形判斷，以使水溶液呈現明顯黃褐色為準。

（4）分別將維生素 C 粉末、綠茶粉、檸檬汁、雙氧水倒入不同水杯後攪拌，若顏色變化不明顯可再逐漸加入待測物質，並攪拌、觀察，直到顏色明顯改變，或是仍然無明顯變化。

（5）將觀察結果紀錄於表一。

科學紀錄

表一　碘液水溶液加入各種待測物質後的顏色變化情形紀錄。

待測物質	維生素 C 粉末	綠茶粉	檸檬汁	雙氧水	其他 ____
顏色變化紀錄					

問題探究

1. 依據觀察，維生素 C 可做為還原劑（抗氧化劑）嗎？
2. 依據觀察，雙氧水可做為氧化劑嗎？
3. 茶葉與檸檬汁中富含維生素 C，可做為還原劑（抗氧化劑）嗎？

進階觀察與探究　如何量化抗氧化力？

活動前準備

1. 器材與工具：碘液、維生素 C、綠茶粉、檸檬汁、雙氧水、透明塑膠杯或玻璃杯、水、滴管。
2. 以 2 人或 4 人為一組。

原理簡介

還原劑可將碘分子（I_2）還原成碘離子（I^-），使得溶液從黃褐色轉變成無色，而氧化劑可以逆轉這個反應，使碘離子（I^-）氧化成碘分子（I_2），溶液即可從無色轉變成黃褐色。若碘液中加入的還原劑，其還原效果越好，則之後須加入更多的氧化劑才能使得顏色回復成原先的黃褐色。換句話說，碘液在加入還原劑後，可透過比較需加入多少量的氧化劑才可使顏色恢復原樣，即可比較各還原劑的抗氧化力。

實驗過程

1. 測量各種抗氧化物質的抗氧化能力

（1）將各種待測的抗氧化物質（如：維生素 C、綠茶粉、檸檬汁等）先進行前處理，使待測物呈現粉末或是溶液的狀態，例如：維生素 C 錠打碎成粉末。

（2）準備至少 4 個透明杯子，編號 1 至 4，皆倒入一樣體積的水。

（3）每個水杯中加入一樣體積的碘液，例如：皆滴入 5 滴的碘液。碘液滴入的體積以實際情形判斷，以使水溶液呈現明顯黃褐色為準。

（4）除了編號 1 的杯子不加入其他物質，作為對照組；其餘杯子分別加入已測量質量或體積的維生素 C 粉末、綠茶粉、檸檬汁等。待測物的質量與體積紀錄於表二。

（5）經攪拌後，觀察各水杯的顏色變化。

（6）以滴管將雙氧水滴入編號 2 的水杯，每滴一滴就攪拌並觀察顏色變化。最後紀錄需滴入幾滴雙氧水後可使顏色變成與編號 1 相同，將實驗結果紀錄於表二。

（7）編號 3、4 等水杯以同樣的方式操作，紀錄需滴入幾滴雙氧水後可使顏色變成與編號 1 相同，將實驗結果紀錄於表二。

（8）將各組的實驗數據，於圖一繪製成柱狀圖比較。

科學紀錄與數據處理

表二　碘液加入各種待測物質後，需加入幾滴雙氧水可使顏色恢復原樣的實驗紀錄。

編號	1	2	3	4	5
待測物質	對照組	C 粉末	綠茶粉	檸檬汁	其他 ____
質量或體積		____ 公克	____ 公克	____ 毫升	
加入雙氧水量（滴）					

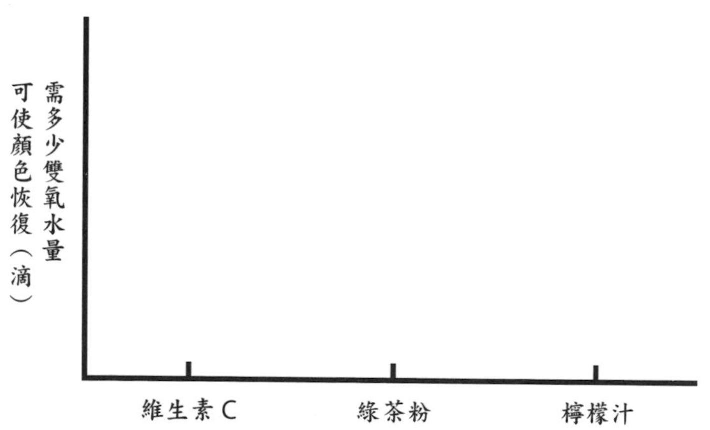

圖一　維生素 C、綠茶粉、檸檬汁等物質的抗氧化力比較。

問題探究

1. 依據實驗結果，維生素C、綠茶粉、檸檬汁等，何者的抗氧化力最為顯著？
2. 若這個實驗多做幾次，實驗結果仍是一樣的嗎？
3. 若比較各待測物質之單位質量（例如每公克）的抗氧化力，何者的抗氧化力最為顯著？

科學家訓練班（開放性的探究活動）

蘋果汁或其他蔬果汁也具有抗氧化力，但若蘋果汁接觸空氣越久，會因空氣中的氧進行氧化作用，而消耗掉還原劑的還原能力，而使得蘋果汁的抗氧化力可能會越來越弱。

請設計一個實驗，探討蘋果汁接觸空氣的時間長短，是否會影響蘋果汁的抗氧化力？

任務回顧與省思

1. 在實驗操作與設計實驗的過程中，哪一步驟的挑戰最大？為什麼？
2. 還可以如何改良或設計實驗，使本次的探究任務能更圓滿的完成？
3. 除了本次的探究任務提供的因子，還有哪些因子可能也會影響氧化／還原的程度？

科學原理剖析

氧化反應（oxidation reaction）與還原反應（reduction reaction）是一起發生的，氧化還原反應是指某物質的電子移轉至另一物質的過程，其中失去電子的物質進行了氧化反應，獲得電子的物質進行了還原反應，若以 e^- 代表電子，氧化還原反應可用以下反應式呈現：

$$A\text{-}e^- + B \rightarrow A + B\text{-}e^-$$

此氧化還原反應可分為兩個半反應，此兩個半反應同時進行：

$A\text{-}e^- \rightarrow A$（氧化）

$B \rightarrow B\text{-}e^-$（還原）

在此反應中，B 的存在讓 $A\text{-}e^-$ 得以氧化，故 B 稱為氧化劑；$A\text{-}e^-$ 存在讓 B 得以還原，故 $A\text{-}e^-$ 稱為還原劑：

$A\text{-}e^-$（還原劑）$+$ B（氧化劑）$\rightarrow$ A（氧化）$+$ $B\text{-}e^-$（還原）

在本探討活動中，維生素 C 為還原劑，分子碘為氧化劑，其氧化還原反應可用以下反應式呈現：

[維生素 C]-e^-（還原劑）$+$ [碘分子]（氧化劑）

$\rightarrow$ [維生素 C]（氧化）$+$ [碘離子]-e^-（還原）

當碘液中的碘分子還原成碘離子後，可再用雙氧水（H_2O_2）將碘離子再度氧化成碘分子。

[碘離子]-e^-（還原劑）＋ H_2O_2（氧化劑）＋ H^+
→ [碘分子]（氧化）＋ H_2O ＋ [H_2^+O]-e^-（還原，＝ H_2O）

在「進階觀察與探究」中，抗氧化力的量化原理，就是：維生素C引發多少的碘離子形成（碘分子的還原反應），後來就需要消耗多少的雙氧水使碘離子氧化成碘分子，而恢復成原來的黃褐色狀態；因此，雙氧水消耗量可做為維生素C抗氧化力（還原能力）的指標。

10 探究任務
我的心兒碰碰跳

研究調查主題

人體心跳率的測量與探討影響心跳率的因子

任務提示

人的一生心臟皆維持著搏動，但心臟跳動的頻率並不是維持不變的，例如：在劇烈運動後，心跳率會明顯增加，在熟睡的時候心跳率會減少。人的心跳率受到許多因素的影響也容易測量，適合作為探究各種因子調節心臟活動的研究主題。想一想，你的心跳何時會變快？何時會比較慢呢？

初階觀察與探究　姿勢與憋氣對心跳率的影響

活動前準備

1. 器材與工具：碼表或其他可計時的工具，每組一個。
2. 以 2 人或 4 人為一組。活動過程可能需要平躺，請穿著適當的衣褲，並準備可讓人平躺的桌椅。

原理簡介

你有頭暈的經驗嗎？有時從坐或蹲的姿勢突然站起來會感到頭暈，這是因為突然站起來時許多血液仍留在下肢，造成頭部的血液減少，腦部缺血時就會感到頭暈。站起來一陣子後，因心跳加速，增加了腦部的血液供應，頭暈的症狀就逐漸消失了。由這個例子中我們可以知道：姿勢會改變人體內血液的分布，而心臟會因為姿勢的改變而調節心跳率，避免腦部的血液供應減少。若在站立、平躺與倒立時，心跳率會不同嗎？

另外一個例子，若快速的深呼吸（深吸氣、深吐氣、深吸氣、深吐氣、深吸氣、深吐氣快速的交替進行），大約深呼吸 5 至 10 次，就會出現頭暈的感覺。由這個例子中我們可以知道：呼吸運動也會調節心跳的頻率。那在憋氣的期間，心跳率會有什麼變化呢？

本探究任務以「姿勢」與「憋氣」兩個因子作為主題，探討這兩個因子對心跳率的效應。

觀察與探究

1. 心跳率的測量方法

心跳率的測量可直接以聽診器去計算心臟發出聲音次數，但操作較為麻煩、不方便。心臟搏動時會推動血液進入動脈，造成動脈血管的搏動，稱為「脈搏」。人體的心搏與脈搏是同步的，也就是心搏一次，就會發生一次脈搏；因此，可測量脈搏的頻率來代表心搏的頻率。

最常測量脈搏的方式，就像是中醫師的「把脈」：以食指與中指觸壓於測量對象的內側手腕的下方（圖一），尋找可感覺到搏動的血管，那個血管名叫橈動脈（Radial artery），當感覺到動脈搏動一次，代表測量對象的心臟跳動一次。若測量對象的手腕附近不易測量到脈搏，可改測量喉部兩側的頸動脈（圖二）。

2. 比較橈動脈與頸動脈的搏動頻率

（1）一人作為受試者，一人測量橈動脈的搏動次數，其餘成員負責計時與紀錄。

（2）計時 30 秒，測量 30 秒內受試者橈動脈的搏動次數，紀錄於表一中。

（3）每次測量後先休息 30 秒，再以同樣方式測量受試者橈動脈的搏動次數，每位受試者共測量 3 次。

（4）每次測量後先休息 30 秒，再以同樣方式測量受試者頸動脈的搏動次數，每位受試者共測量 3 次。

（5）組內每位同學輪流作為受試者（編號 A、B、C、D），待全組數據紀錄完畢後，分別計算橈動脈與頸動脈的搏動頻率。

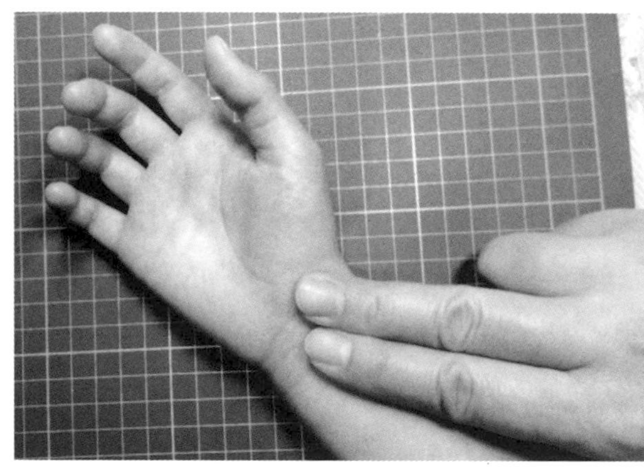

圖一　測量橈動脈搏動次數時的操作照片。

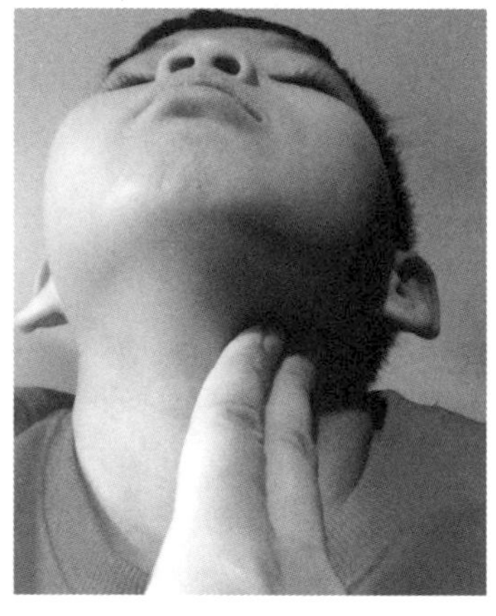

圖二　測量頸動脈搏動次數時的操作照片。

2. 不同的「姿勢」對心跳率的影響

（1）以上述方式測量橈動脈的搏動次數。

（2）受試者為站立姿勢，測量受試者於 30 秒內的橈動脈搏動次數，紀錄於表二中。

（3）每次測量後先休息 30 秒，再以同樣方式測量受試者在站立姿勢時，橈動脈的搏動次數，每位受試者共測量 3 次。

（4）受試者平躺於桌子或椅子上，先休息 30 秒，再測量受試者於 30 秒內的橈動脈搏動次數，紀錄於表二中。

（5）每次測量後先休息 30 秒，再以同樣方式測量受試者在平躺姿勢時，橈動脈的搏動次數，每位受試者共測量 3 次。

（6）組內每位同學輪流作為受試者（編號 A、B、C、D），待全組數據紀錄完畢後，分別計算站立姿勢與平躺姿勢狀態下的橈動脈搏動頻率。

3.「憋氣」對心跳率的影響

（1）以上述方式測量橈動脈的搏動次數。

（2）受試者為正常呼吸，測量受試者於 20 秒內的橈動脈搏動次數，紀錄於表三中。

（3）每次測量後先休息 30 秒，再以同樣方式測量受試者在正常呼吸時，橈動脈的搏動次數，每位受試者共測量 3 次。

（4）受試者為以憋氣狀態，測量受試者於 20 秒內的橈動脈搏動次數，紀錄於表二中。

（5）每次測量後受試者可正常呼吸，休息 30 秒後，再以同樣方式測量受試者在憋氣狀態時，橈動脈的搏動次數，每位受試者共測量 3 次。

（6）組內每位同學輪流作為受試者（編號 A、B、C、D），待全組數據紀錄完畢後，分別計算站立姿勢與平躺姿勢狀態下的橈動脈搏動頻率。

小小提醒

測量「憋氣期間」的橈動脈博動次數，測量的時間為 20 秒而非 30 秒。因為許多同學的憋氣時間無法維持太久，且憋氣過久可能傷身。此外，若有呼吸系統、循環系統相關病史者，可選擇不操作此探究活動。

科學紀錄

1. 比較 30 秒內橈動脈與頸動脈的搏動次數

表一　30 秒內橈動脈與頸動脈搏動次數紀錄。

受試者編號	實驗次數	30 秒內搏動次數	
		橈動脈	頸動脈
A	第 1 次測量		
	第 2 次測量		
	第 3 次測量		
B	第 1 次測量		
	第 2 次測量		
	第 3 次測量		
C	第 1 次測量		
	第 2 次測量		
	第 3 次測量		
D	第 1 次測量		
	第 2 次測量		
	第 3 次測量		
平均			

2. 不同的「姿勢」對心跳率的影響

表二　站立姿勢與平躺姿勢時，30 秒內橈動脈搏動次數紀錄。

受試者編號	實驗次數	30 秒內橈動脈搏動次數	
		站立姿勢	平躺姿勢
A	第 1 次測量		
	第 2 次測量		
	第 3 次測量		
B	第 1 次測量		
	第 2 次測量		
	第 3 次測量		
C	第 1 次測量		
	第 2 次測量		
	第 3 次測量		
D	第 1 次測量		
	第 2 次測量		
	第 3 次測量		
平均			

3.「憋氣」對心跳率的影響

表三　正常呼吸與憋氣狀態時，20 秒內橈動脈搏動次數紀錄。

受試者編號	實驗次數	20 秒內橈動脈搏動次數	
		正常呼吸	憋氣狀態
A	第 1 次測量		
	第 2 次測量		
	第 3 次測量		
B	第 1 次測量		
	第 2 次測量		
	第 3 次測量		
C	第 1 次測量		
	第 2 次測量		
	第 3 次測量		
D	第 1 次測量		
	第 2 次測量		
	第 3 次測量		
平均			

問題探究

1. 同一群受試者的橈動脈與頸動脈的搏動頻率是否一樣？何者較高？
2. 站立姿勢與平躺姿勢時，橈動脈的搏動頻率是否一樣？何者較高？
3. 憋氣狀態時橈動脈的搏動頻率會改變嗎？是增加還是減少？

進階觀察與探究　潛水反射與倒立對心跳率的影響

活動前準備

1. 器材與工具：碼表或其他可計時工具，每組一個；廚房紙巾（紙抹布），每人一張。
2. 以 2 人或 4 人為一組。活動過程需要倒立，請穿著適當的衣褲。

原理簡介

1. 什麼是潛水反射（diving reflex）？

所有的哺乳類都是用肺呼吸，包含可在水中生活的水生哺乳類如海豹、鯨魚、水獺等，這些動物在潛入水下時，呼吸會終止，但同時心跳率與代謝率會下降，這個現象稱為潛水反射或潛水反應。科學家發現幾乎所有在空氣中以肺呼吸的脊椎動物都有這個現象，包含爬蟲類、鳥類、哺乳類，當然也包含了人類。

科學家發現當這些動物的臉部受到涼水的刺激，就會引發抑制呼吸運動與心跳率等潛水反射的生理反應。回想一下，當你用冷水洗臉的時候，會引發你停止呼吸的反應嗎？在那段時間內，你的心跳也會反射性的變慢唷。

2. 倒立時對心跳率有何影響？

在「初階觀察與探究」中，我們曾比較不同姿勢對心跳率的影響。心跳率在站立時比平躺時高，這是因為當人體站立時，腦部位於心臟的上方，心臟需搏出壓力較高的血液才足以供應腦部所需，此時的心跳率就會增加。

在人體倒立時血液會因重力的作用而湧入腦部，腦部的血壓會增加，此時心跳率應下降，以避免腦部的血壓過高；確實許多研究發現人體倒立時，心跳率會下降。但有一些科學家發現，有時心跳率在倒立時卻會增加，這可能是因為人體在進行倒立時，就如同在進行運動一樣，會刺激交感神經的作用，使心跳率增加。究竟人體在倒立時，心跳率會上升還是下降呢？

在「進階觀察與探究」中，探究任務就以「潛水反射」與「倒立」兩個因子作為主題，探討這兩個因子對心跳率的效應。

實驗過程

1.「潛水反射」對心跳率的影響

（1）以「初階觀察與探究」中介紹的方式測量橈動脈的搏動次數。

（2）受試者為臉朝上的平躺姿勢，測量受試者於 30 秒內的橈動脈搏動次數作為對照組，紀錄於表四中。

（3）每次測量後先休息 30 秒，再以同樣方式測量受試者在臉朝上的平躺姿勢時，橈動脈的搏動次數（對照組），每位受試者共測量 3 次。

（4）將以冷水沾濕的紙巾覆蓋在受試者的臉部，測量受試者於 30 秒內的橈動脈搏動次數，紀錄於表四中。

（5）每次測量後取下溼紙巾休息 30 秒，再以同樣方式測量受試者在臉覆蓋溼紙巾時，橈動脈的搏動次數，每位受試者共測量 3 次。

（6）組內每位同學輪流作為受試者（編號 A、B、C、D），待全組數據紀錄完畢後，分別計算對照組與臉覆溼紙巾時的橈動脈搏動頻率。

2.「倒立」對心跳率的影響

（1）以上述方式測量橈動脈的搏動次數。

（2）受試者為站立姿勢，測量受試者於 20 秒內的橈動脈搏動次數，紀錄於表五中。

（3）每次測量後先休息 30 秒，再以同樣方式測量受試者在站立姿勢時，橈動脈的搏動次數，每位受試者共測量 3 次。

（4）受試者以雙手支撐身體的倒立姿勢，測量受試者於 20 秒內的橈動脈搏動次數，紀錄於表五中。

（5）每次測量後以站姿或坐姿休息 30 秒，再以同樣方式測量受試者在倒立姿勢時，橈動脈的搏動次數，每位受試者共測量 3 次。

（6）組內每位同學輪流作為受試者（編號 A、B、C、D），待全組數據紀錄完畢後，分別計算站立姿勢與倒立姿勢狀態下的橈動脈搏動頻率。

小小提醒

測量「倒立姿勢」時的橈動脈博動次數，測量的時間為 20 秒而非 30 秒，甚至可測量更短期間的橈動脈博動次數，例如：10 秒內的橈動脈博動次數。因為許多同學的倒立姿勢無法維持太久，且倒立過久可能傷身。

科學紀錄與數據處理

1.「潛水反射」對心跳率的影響

表四　30 秒內對照組與臉覆蓋溼紙巾時的橈動脈搏動次數紀錄。

受試者編號	實驗次數	30 秒內搏動次數	
		對照組	臉覆蓋溼紙巾時
A	第 1 次測量		
	第 2 次測量		
	第 3 次測量		
B	第 1 次測量		
	第 2 次測量		
	第 3 次測量		
C	第 1 次測量		
	第 2 次測量		
	第 3 次測量		
D	第 1 次測量		
	第 2 次測量		
	第 3 次測量		
平均			

2.「倒立」對心跳率的影響

表五　30 秒內站立姿勢與倒立姿勢時的橈動脈搏動次數紀錄。

受試者編號	實驗次數	30 秒內搏動次數	
		站立姿勢	倒立姿勢
A	第 1 次測量		
	第 2 次測量		
	第 3 次測量		
B	第 1 次測量		
	第 2 次測量		
	第 3 次測量		
C	第 1 次測量		
	第 2 次測量		
	第 3 次測量		
D	第 1 次測量		
	第 2 次測量		
	第 3 次測量		
平均			

問題探究

1. 臉覆蓋溼紙巾時對橈動脈的搏動頻率具有什麼效應？
2. 站立姿勢與倒立姿勢時，橈動脈的搏動頻率是否一樣？什麼姿勢狀態下橈動脈的搏動頻率較高？

科學家訓練班（開放性的探究活動）

洗熱水澡的時候，可能因為身體溫度增加而流汗，此時也會因溫度的增加，使心臟搏動頻率加快。若是洗冷水澡或是泡在冷水中，此時的心臟搏動頻率會有什麼變化呢？

請設計實驗，研究身體因淋浴或泡熱水（約 40℃）時，脈搏搏動頻率有何變化？在淋浴或泡冷水（約 20℃）時，脈搏搏動頻率又有何變化了？

任務回顧與省思

1. 在實驗操作與設計實驗的過程中，哪一步驟的挑戰最大？為什麼？
2. 還可以如何改良或設計實驗，使本次的探究任務能更圓滿的完成？
3. 除了本次的探究任務提供的因子，還可能有哪些因子也會影響心臟的搏動頻率？

科學原理剖析

人體的生命徵象（Vital Signs），包含 T、P、R、BP 四項，也就是體溫（Temperature）、脈搏（Pulse）、呼吸（Respiration）、血壓（Blood

Pressure)。此四項生命徵象中，若任一項出現異常，就代表身體可能發生病變，甚至危害到生命。

心臟的搏動稱為心搏，心臟的收縮造成動脈管間歇性的壓縮和擴張，血管的擴張搏動即為脈搏。脈搏是生命跡象中重要也較易量化、紀錄的指標。脈搏是指體表可觸摸到的動脈搏動，常以腕部的橈動脈與喉頭兩側的頸動脈作為測量標的。脈搏可受許多因子調節，例如：年齡、性別、體型、運動、食物、姿勢、體溫、疾病、藥物、血壓等。以下針對呼吸、姿勢與刺激臉部等因子，說明其調節心跳率的機制：

1. 呼吸對心搏／脈搏的效應

人體心動週期受外在與內在環境的調節。例如：在人體吸飽氣後憋氣時，因肺泡漲大，刺激副交感神經中的迷走神經，進而抑制了心跳率；另一方面，肺泡皮膜上的微血管網受到壓迫，使肺循環的血液無法順利流通。同樣的，在盡力呼氣後再憋氣時，因肺臟縮小造成肺泡塌陷，同樣使得微血管網受到壓迫，血液亦無法順利流通；在憋氣的期間，由於缺少胸腔擴大時造成的負壓吸力，使得下腔靜脈的靜脈血液難以向上回流至心臟。在上述三種情形下，因肺循環或下腔靜脈的回心血減少，使心臟的輸出（心輸出量）降低，此時心跳率下降，以因應血液不足的情形。

2. 姿勢對心搏／脈搏的效應

身體的姿勢也會影響心跳週期，例如在平躺時上半身突然起身，或是蹲下時突然站起，都會因血液流向下肢，使心臟附近的血壓受器（主動脈與頸動脈上的血壓受器）偵測到血壓下降，透過交感神經的反射作用，使心跳率增加、血壓回升，以維持血壓的恆定。

圖三為當人體姿勢由坐姿轉變成立姿時，心臟生理表現與血壓的改變情

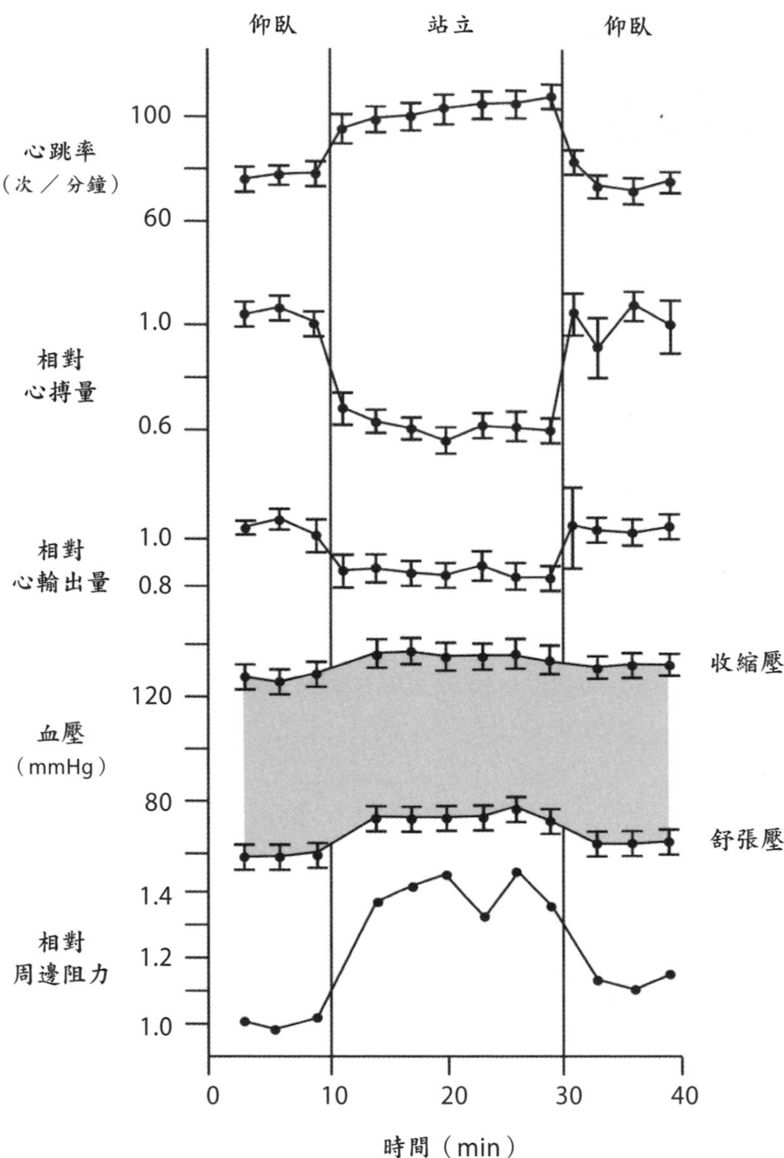

圖三　人體姿勢改變時，心臟生理表現與血壓的改變情形（修改自 Smith, *et al.*, 1970）。

形。由於重力的拉力，造成回心血減少，進而使得心搏量被動地下降，此時為了避免頭部缺血，心跳率主動地增加，但是由於心臟在人體循環系統中所占的體積小，因此所能做出的改變並不大，心輸出量仍略微減少，此時閉鎖式循環動物遍布全身的血管就扮演了重要的角色，血管增加了其收縮程度，使得血壓升高，讓血液流速加快，讓頭部能及時獲得足夠血量。而當人體由坐姿轉為平躺時，由於躺姿有利血液回流，此時回心血增加，心搏量也就被動地增加，此時為避免上半身獲得過多血量，心跳率會主動地減少，血壓也會減少，減緩血液流速。

3. 刺激臉部對心搏／脈搏的效應

外界的刺激亦會調節心跳率，例如將沾濕的毛巾蓋於臉上，可透過副交感神經中之迷走神經的作用，而使心跳率下降，這個反射稱為潛水反射（Diving Reflex），常見於海洋哺乳類。當這些動物潛水時，其呼吸終止，心跳率、代謝率下降，以節省氧氣的消耗，但人體也存在著這種反射，部分科學家因這個原因與其他理由，提出水猿理論（The Aquatic Ape Hypothesis），認為人類過去曾有一段時間是行水生或半水生生活的，但這個理論仍證據不足，不被大多數科學家接受。

11 探究任務 冷水熱油

研究調查主題

探討水與油的熱量傳導與散失等性質

任務提示

在餐廳點餐時，有時可發現上菜時間接近的不同餐點，隔一陣子後其中一道餐點已經涼掉了，但另一道仍是熱呼呼的。為何不同的食物會有不同的降溫速率呢？烹煮食物時，常常是用水或是油作為加熱的媒介，水與油的溫度也會隨環境溫度的起伏而跟著改變，有哪些因子會影響水與油的溫度變化速率呢？

初階觀察與探究　吸熱能力與表面積對物質之溫度改變速率的效應

活動前準備

1. 器材與工具：電鍋或可供應熱水的飲水機或熱水瓶、水、沙拉油、量杯、兩個相同的杯子、兩個相同的淺盤、溫度計（兩個）、保鮮膜、碼表或其他可計時的工具。
2. 以 2 人或 4 人為一組。

原理簡介

物體會吸收熱能而增加溫度，或是因熱能散失而降低溫度。有些物質容易吸熱而使溫度增加，這些物質也較容易因散熱而使溫度下降；另外，有些物質較不容易吸熱與散熱，故其溫度不容易改變。除了物質本身吸熱與散熱的能力之外，物體的形狀與表面積也會影響溫度改變的速率嗎？

本探究任務以「不同吸熱能力的物質」、「不同表面積」兩種因子作為主題，探討這兩種因子對「溫度改變速率」的效應。

觀察與探究

1. 具不同吸熱能力之物質的溫度改變速率比較

（1）將相同體積的水與沙拉油各自放入大小、形狀、材質一樣的杯子，並蓋上保鮮膜。

（2）將水與沙拉油放入電鍋或是泡在熱水中加熱，取出後移除保鮮膜，各以溫度計測量水與沙拉油的溫度，紀錄於表一。

（3）5 分鐘後，再以溫度計測量水與沙拉油的溫度，紀錄於表一。

（4）計算水與沙拉油的溫度改變速率，單位為攝氏度（℃）／分鐘，並將實驗結果於圖一繪製成柱狀圖以進行比較。

小小提醒

加熱後的水或沙拉油具有危險性，可直接於電鍋中操作，或是戴上防熱手套，應避免直接接觸，且不宜太靠近，以免打翻潑濺到身上。

2. 不同表面積之物質的溫度改變速率比較

（1）將相同體積的水各自放入杯子與淺盤中，使兩者具有不同的表面積，並蓋上保鮮膜。

（2）將相同體積的沙拉油各自放入杯子與淺盤中，使兩者具有不同的表面積，並蓋上保鮮膜。

（3）將放入杯子與淺盤的水與沙拉油放入電鍋或是泡在熱水中加熱，取出後移除保鮮膜，各以溫度計測量水與沙拉油的溫度，紀錄於表二。

（3）5 分鐘後，再以溫度計測量水與沙拉油的溫度，紀錄於表二。

（4）計算在不同容器內之水與沙拉油的溫度改變速率，單位為攝氏度（℃）／分鐘，並將實驗結果於圖二繪製成柱狀圖以進行比較，其中水的數據以黑色柱狀圖表示，沙拉油的數據以黑邊白色柱狀圖表示。

科學紀錄

1. 不同吸熱能力的物質的溫度改變速率比較

表一　水與沙拉油的溫度變化紀錄表。

物質種類		水	沙拉油
加熱後的溫度（℃）	a		
5 分鐘後的溫度（℃）	b		
溫度改變量（℃）	$b-a$		
溫度變化速率（℃／分鐘）	$\frac{b-a}{5}$		

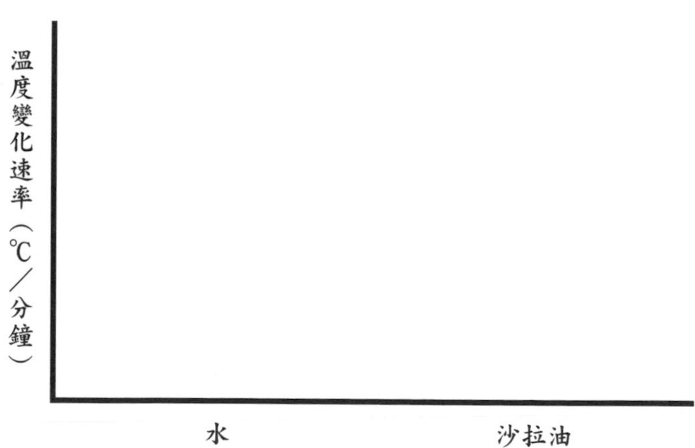

圖一　水與沙拉油的溫度變化速率比較。

2. 不同表面積之物質的溫度改變速率比較

表二　不同表面積之水或沙拉油的溫度變化紀錄表。

物質種類		水		沙拉油	
		杯子中	淺盤中	杯子中	淺盤中
加熱後的溫度（℃）	a				
5 分鐘後的溫度（℃）	b				
溫度改變量（℃）	$b-a$				
溫度變化速率（℃／分鐘）	$\frac{b-a}{5}$				

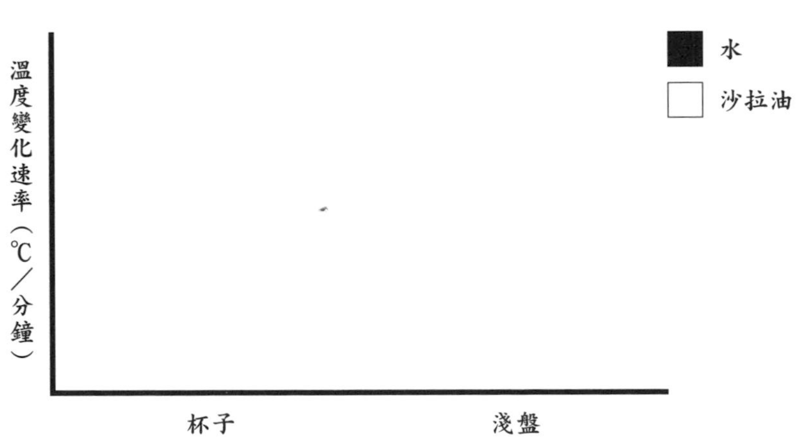

圖二　不同表面積之水或沙拉油的溫度變化速率比較。

問題探究

1. 依據實驗結果，水與沙拉油何者比較容易降溫？
2. 依據實驗結果，物質的表面積對其降溫效果有什麼效應？
3. 做壽司飯的時候，為了使蒸煮熟的米飯降溫，常會將米飯從鍋內取出後鋪平，為何這樣做可增加米飯降溫的速率？

進階觀察與探究　攪拌對水與拉沙油散熱速率的效應

活動前準備

1. 器材與工具：電鍋或可供應熱水的飲水機或熱水瓶、水、沙拉油、量杯、八個相同的杯子、溫度計（兩個）、保鮮膜、碼表或其他可計時的工具。
2. 以 2 人或 4 人為一組。

原理簡介

物質散熱的方式除了直接將熱能傳導至容器與空氣外，也會透過空氣的對流將熱能散出。熱湯常會冒出白煙，就是因蒸發而攜帶熱能的氣態水，遇到冷空氣後再度凝結成許多微小的小水滴所形成的，若攪拌擾動熱湯，更會加速水的蒸發與空氣的對流，使熱能散出的速率增加。雖然熱水可產生白煙，但 100℃以內的熱油並不會產生白煙，這代表 100℃以內熱油不易經蒸發與對流的方式散熱嗎？

在「進階觀察與探究」中，探究任務就以探討「是否有攪拌」與「不同攪拌程度」等因子，對水與拉沙油散熱速率的效應。

實驗過程

1. 水與沙拉油在不攪拌與攪拌情形下的溫度改變速率比較

（1）將相同體積的水與沙拉油各自放入大小、形狀、材質一樣的杯子，並蓋上保鮮膜，共 2 杯水、2 杯沙拉油。

（2）將水與沙拉油放入電鍋或是泡在熱水中加熱，取出後移除保鮮膜，各以溫度計測量水與沙拉油的溫度，紀錄於表三。

（3）其中一杯水與一杯沙拉油以竹筷攪拌，另一杯水與一杯沙拉油則不攪拌，持續 5 分鐘。

（4）5 分鐘後，再以溫度計測量水與沙拉油的溫度，紀錄於表三。

（5）計算水與沙拉油在不攪拌與攪拌情形下，各自的溫度改變速率，單位為攝氏度（℃）／分鐘，並將實驗結果於圖三繪製成柱狀圖以進行比較。其中水的數據以黑色柱狀圖表示，沙拉油的數據以黑邊白色柱狀圖表示。

2. 水與沙拉油在不同攪拌程度下的溫度改變速率比較

（1）將相同體積的水與沙拉油各自放入大小、形狀、材質一樣的杯子，並蓋上保鮮膜，共 2 杯水、2 杯沙拉油。

（2）將水與沙拉油放入電鍋或是泡在熱水中加熱，取出後移除保鮮膜，各以溫度計測量水與沙拉油的溫度，紀錄於表四，並開始計時。

（3）其中一杯水與一杯沙拉油各自倒入另一空杯，再到回原杯，如此來回轉移 5 次，完成後靜置。

（4）另一杯水與一杯沙拉油各自倒入另一空杯，再到回原杯，如此來回轉移 10 次，完成後靜置。

（5）5 分鐘後，再以溫度計測量水與沙拉油的溫度，紀錄於表四。

（6 ）計算水與沙拉油在不同攪拌程度下，各自的溫度改變速率，單位為攝氏度（℃）／分鐘，並將實驗結果於圖四繪製成柱狀圖。其中水的數據以黑色柱狀圖表示，沙拉油的數據以黑邊白色柱狀圖表示。

科學紀錄與數據處理

1. 水與沙拉油在不攪拌與攪拌情形下的溫度改變速率比較

表三　不攪拌與攪拌情形下，水或沙拉油的溫度變化紀錄表。

物質種類		水		沙拉油	
		不攪拌	攪拌	不攪拌	攪拌
加熱後的溫度（℃）	a				
5 分鐘的溫度（℃）	b				
溫度改變量（℃）	b-a				
溫度變化速率（℃／分鐘）	$\frac{b-a}{5}$				

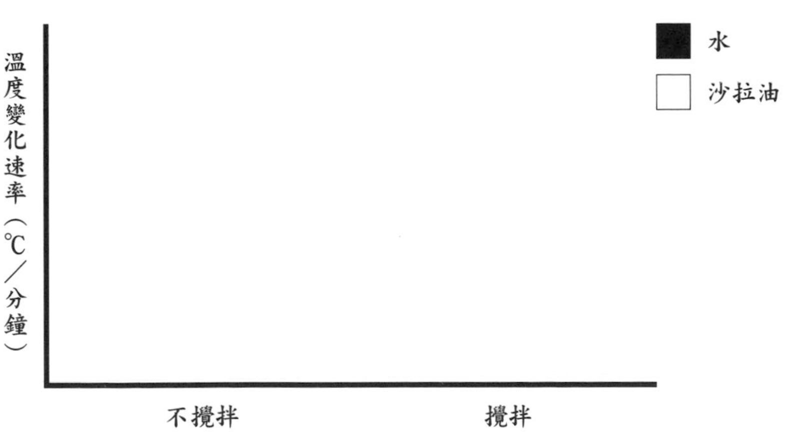

圖三　不攪拌與攪拌情形下，水或沙拉油的溫度變化速率比較。

2. 水與沙拉油在不同攪拌程度下的溫度改變速率比較

表四　不同攪拌程度下，水或沙拉油的溫度變化紀錄表。

物質種類		水		沙拉油	
		轉移 5 次	轉移 10 次	轉移 5 次	轉移 10 次
加熱後的溫度（℃）	*a*				
5 分鐘的溫度（℃）	*b*				
溫度改變量（℃）	*b-a*				
溫度變化速率（℃／分鐘）	$\frac{b-a}{5}$				

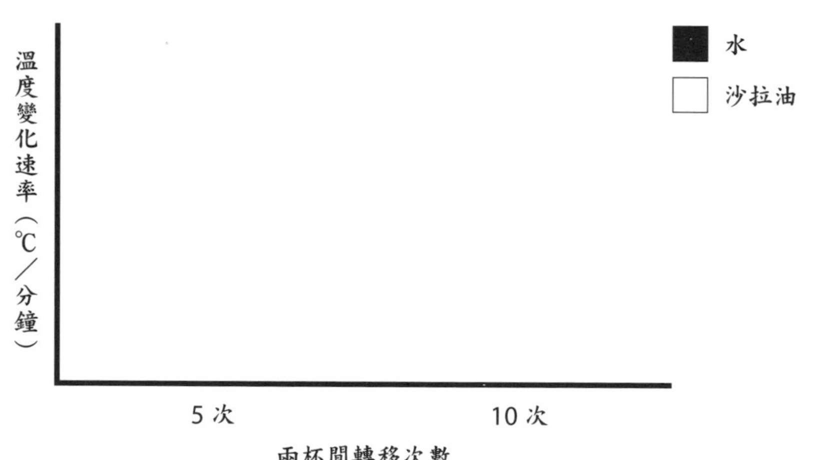

圖四　不同攪拌程度下，水或沙拉油的溫度變化速率比較。

問題探究

1. 熱水與熱沙拉油在杯子來回轉移時，有冒出白煙嗎？
2. 依據實驗結果，攪拌操作是否會增加溫度改變速率？水與沙拉油兩者間又有什麼差異？
3. 依據實驗結果，不同的攪拌程度對降溫效果有什麼效應？水與沙拉油兩者間又有什麼差異？

科學家訓練班（開放性的探究活動）

有時熱雞湯比一般的清湯更能維持高溫，有人說這是因為雞湯表面浮有一層雞油，雞油具有隔熱保溫的效果，水面浮著一層油脂會使得水無法蒸散，就無法攜帶熱能離開，導致湯的散熱效率下降。

請設計實驗，證明若熱水的水面無法藉由蒸散讓熱能隨著水蒸氣帶離，是否確實會使溫度下降的速率變慢？

任務回顧與省思

1. 在實驗操作與設計實驗的過程中，哪一步驟的挑戰最大？為什麼？
2. 還可以如何改良或設計實驗，使本次的探究任務能更圓滿的完成？
3. 除了本次的探究任務提供的因子，可能還有哪些因子也會影響物體溫度改變的速率？

科學原理剖析

物體會吸收熱能而增加溫度，或是因熱能散失而降低溫度，而吸收或散失熱能的性質與該物質本身的比熱容量特性有關。比熱容量（specific heat capacity）簡稱比熱，代表一個物體吸熱或散熱的能力，比熱越大的物質吸收或放出能量的「容量」越大。比熱的計算方式為測量單位質量的特定物質升高或下降單位溫度所吸收或放出的熱量，例如：水的比熱為 4200 J ／（Kg · K），代表要讓 1 公斤（Kg）的水增加 1 絕對溫度（K），需要吸收 4200 焦耳（J）的熱量；油的比熱為 2000 J ／（Kg · K），代表要讓水與油增加一樣的溫度幅度，水需要比油更多的熱量，所以水比油更不容易改變溫度。

物體的散熱也與表面積有關，面積越大則散熱能力較佳。若有氣流吹拂，因氣流能更有效率地將熱能帶離物體，故散熱較果亦較佳。

探究任務

12 酸鹼合度

研究調查主題

蛋白質溶液的酸鹼緩衝性質

任務提示

某一溶液中若另外加入酸性溶液，常會使溶液的 pH 值下降而變酸，加入鹼性溶液則會讓溶液 pH 值上升而變鹼。但不同的溶液在加入酸性或鹼性溶液後，pH 值的變化情形並不一樣。有一些溶液在加入酸性或鹼性溶液後很容易改變其 pH 值，但也有些溶液不容易改變 pH 值。有哪些因子會影響溶液的 pH 值變化程度呢？

初階觀察與探究　加入酸性或鹼性溶液對水之 pH 值的影響

活動前準備

1. 器材與工具：醋、小蘇打水、量杯、紙杯或其他容器、廣用酸鹼指示試紙、照相設備。
2. 以 2 人或 4 人為一組。

原理簡介

若在酸性溶液中加入清水，此溶液的酸鹼值就會變成沒這麼酸；在鹼性溶液中加入清水，此溶液的酸鹼值就會變成沒這麼鹼。同樣的道理，若在水中加入不同體積的酸性或鹼性溶液，就可以製造出具有不同酸鹼值的溶液。

本探究活動利用不同體積的酸性或鹼性溶液，配置出含不同酸或鹼性溶液比例的水溶液，並探討這些溶液之間的酸鹼值差異。

觀察與探究

1. 配置出含不同酸或鹼性溶液比例的水溶液

（1）取 7 個杯子，分別編號 1 至 7 號。

（2）以量杯側量不同體積的水與醋或小蘇打水，依表一的比例，在編號 1 至 7 號的杯子中配置編號 1 至 7 號的水溶液。

（3）以廣用酸鹼指示試紙各自沾附編號 1 至 7 號的水溶液，並比對廣用酸鹼指示試紙所附的試紙顏色與 pH 值對應表，測定出各溶液的 pH 值。

（4）將編號 1 至 7 號的水溶液所測定的 pH 值紀錄於表二。

（5）將編號 1 至 7 號水溶液的 pH 值於圖一畫製折線圖。

表一　依不同體積的水與醋或小蘇打水，配置編號 1 至 7 號的水溶液。

<table>
<tr><td>杯子編號</td><td>1</td><td>2</td><td>3</td><td>4</td><td>5</td><td>6</td><td>7</td></tr>
<tr><td rowspan="2">醋或小蘇打水（毫升）</td><td colspan="3">醋</td><td rowspan="2">0</td><td colspan="3">小蘇打水</td></tr>
<tr><td>10</td><td>6</td><td>2</td><td>2</td><td>6</td><td>10</td></tr>
<tr><td>清水（毫升）</td><td>0</td><td>4</td><td>8</td><td>10</td><td>8</td><td>4</td><td>0</td></tr>
</table>

科學紀錄

表二 編號 1 至 7 號水溶液的 pH 值紀錄表。

水溶液編號	1	2	3	4	5	6	7
pH 值							

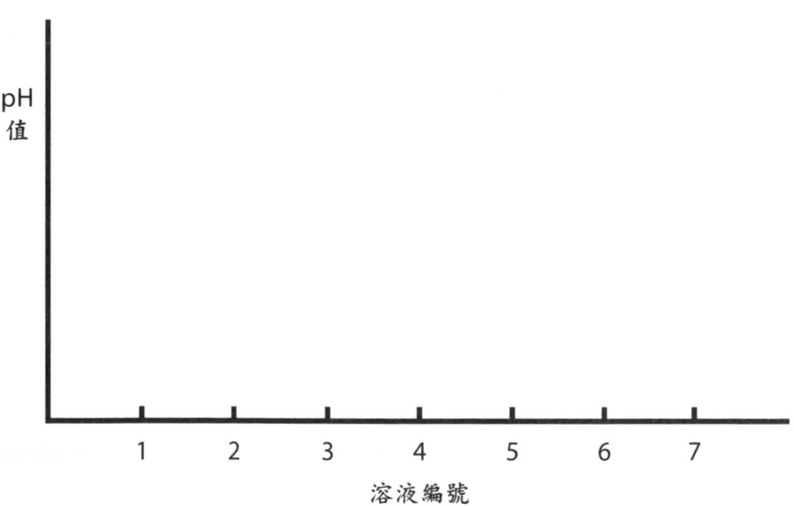

圖一　編號 1 至 7 號水溶液的 pH 值（折線圖）。

問題探究

1. 未加入醋或小蘇打水的清水（編號 4），其 pH 為何？
2. 醋的體積比例越大之水溶液，其 pH 值越低嗎？小蘇打水的體積比例越大之水溶液，其 pH 值越高嗎？
3. 依據實驗數據，編號 1 至 7 的水溶液中，pH 值最高的是哪一個溶液？其 pH 為何？ pH 值最低的是哪一個溶液？其 pH 為何？

進階觀察與探究　加入酸性或鹼性溶液對脫脂牛奶之 pH 值變化的效應

活動前準備

1. 器材與工具：醋、小蘇打水、脫脂牛奶奶粉、量杯、紙杯或其他容器、廣用酸鹼指示試紙、照相設備。
2. 以 2 人或 4 人為一組。

原理簡介

脫脂牛奶中富含蛋白質，蛋白質溶液常具有酸鹼緩衝的性質。酸鹼緩衝是指使溶液的酸鹼值不容易大幅改變，使酸鹼值維持穩定的現象。若利用廣用酸鹼指示試紙測量溶液的酸鹼值變化，就能觀察到蛋白質溶液的酸鹼緩衝性質。

在「進階觀察與探究」中，探究任務就以探討「加入不同體積的酸性或鹼性溶液」等因子，對清水與脫脂牛奶 pH 值變化的效應。

實驗過程

1. 配置出含不同酸或鹼性溶液比例的脫脂牛奶水溶液

（1）取 7 個杯子，分別編號 a 至 g 號。

（2）以量杯側量不同體積的水與醋或小蘇打水，依表三的比例，在編號 a 至 g 號的杯子中配置編號 a 至 g 號的水溶液。

（3）以廣用酸鹼指示試紙各自觸沾編號 a 至 g 號的水溶液，並比對廣用酸鹼指示試紙所附的試紙顏色與 pH 值對應表，測定出各溶液的 pH 值。

（4）將編號 a 至 g 號的水溶液所測定的 pH 值紀錄於表四。

（5）將編號 a 至 g 號水溶液的 pH 於圖二畫製折線圖。

表三　依不同體積的水與醋或小蘇打水，配置編號 a 至 g 號的脫脂牛奶水溶液。

杯子編號	a	b	c	d	e	f	g
醋或小蘇打水（毫升）	醋			0	小蘇打水		
	10	6	2		2	6	10
清水（毫升）	0	4	8	10	8	4	0
脫脂牛奶奶粉	半茶匙	半茶匙	半茶匙	半茶匙	半茶匙	半茶匙	半茶匙

科學紀錄與數據處理

表四　編號 a 至 g 號水溶液的 pH 值紀錄表。

脫脂牛奶水溶液編號	a	b	c	d	e	f	g
pH 值							

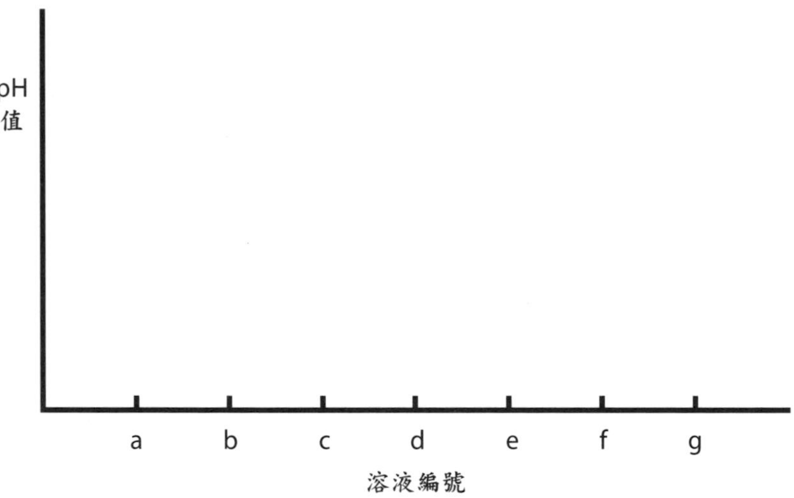

圖二　編號 a 至 g 號脫脂牛奶水溶液的 pH 值（折線圖）。

問題探究

1. 未加入醋或小蘇打水的脫脂牛奶水溶液（編號 d），其 pH 為何？
2. 醋的體積比例越高大脫脂牛奶水溶液，其 pH 值越低嗎？小蘇打水的體積比例越大之脫脂牛奶水溶液，其 pH 值越高嗎？
3. 依據實驗數據，編號 a 至 g 的水溶液中，pH 值最高的是哪一個溶液？其 pH 為何？ pH 值最低的是哪一個溶液？其 pH 為何？
4. 比較圖一與圖二，脫脂牛奶水溶液具有酸鹼緩衝性質嗎？

科學家訓練班（開放性的探究活動）

雖然蛋白質溶液常有酸鹼緩衝的性質，但不同的蛋白質也許具有不同的酸鹼緩衝的範圍，例如：某些蛋白質溶液可能會使溶液不至於變得太過酸性，另一些蛋白質溶液可能會使溶液不至於變得太過鹼性。

請設計實驗，比較脫脂牛奶與豆漿兩種富含蛋白質的水溶液，驗證兩者主要的酸鹼值緩衝範圍是否不一樣？

任務回顧與省思

1. 在實驗操作與設計實驗的過程中，哪一步驟的挑戰最大？為什麼？
2. 還可以如何改良或設計實驗，使本次的探究任務能更圓滿的完成？
3. 除了本次的探究任務提供的因子，還可能有哪些因子也會影響水溶液的 pH 值變化呢？

科學原理剖析

許多物質具有酸鹼緩衝的性質，假設在溶液中若有緩衝物質（A^-／HA），當 H^+ 過多（甲情形，溶液過酸），則反應向右，耗掉過多的 H^+；當 H^+ 過少（乙情形，溶液過鹼），則反應向左，使 H^+ 濃度回升。透過以上機制，可使體液的酸鹼質不致劇烈起伏。

$A^- + H^+ \rightleftarrows HA$

甲情形（溶液過酸）：$A^- + H^+ \rightarrow HA$

乙情形（溶液過鹼）：$A^- + H^+ \leftarrow HA$

溶液中的蛋白質和胺基酸也是酸鹼緩衝物質，以胺基酸為例，當溶液內 H^+ 過多，可促進胺基酸與 H^+ 結合；當溶液內的 H^+ 過少，可促進胺基酸釋出 H^+，以維持 H^+ 濃度不至劇烈變化。若溶液的酸鹼值改變，此方式可於數秒內完成酸鹼緩衝作用。

甲情形（溶液過酸）：

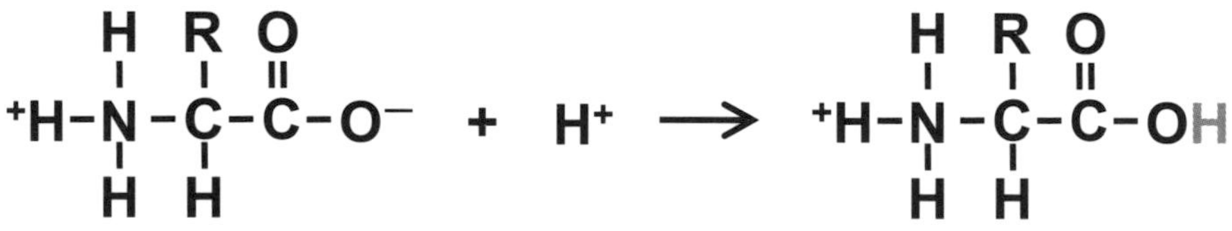

```
     H   R   O                              H   R   O
     |   |   ||                             |   |   ||
  +H-N - C - C - O-   +   H+   --->      +H-N - C - C - OH
     |   |                                  |   |
     H   H                                  H   H
```

乙情形（溶液過鹼）：

```
     H   R   O                H   R   O
     |   |   ||               |   |   ||
  +H-N - C - C - O-   --->    N - C - C - O-   +   H+
     |   |                    |   |
     H   H                    H   H
```

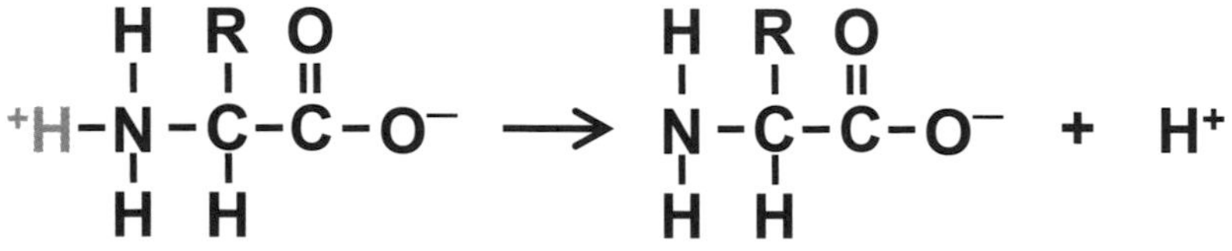

13 探究任務 綠舟浮沉

研究調查主題

影響植物光合作用產氧的因子

任務提示

植物進行光合作用時，會將葉子所吸收的二氧化碳轉換成醣類，過程中會以氣體的形式產生氧。若想測量植物葉子進行光合作用的速率，可透過測量產氧的速率作為指標，但氧的產生不容易直接觀察與測量，有什麼簡易的方法可以測量氧的產生速率呢？

初階觀察與探究　光線是否會影響葉子行光合作用的速率

活動前準備

1. 器材與工具：碼表（或其他可計時的工具）、塑膠針筒（含蓋子）、水、粗的塑膠或金屬吸管、檯燈、植物的葉子（以面積較大的植物葉子為佳，如地瓜葉）、鋁箔紙。
2. 以 2 人或 4 人為一組。

小小提醒

本探究活動所使用的塑膠針筒，在購買時可尋找餵食針筒、餵食器或灌食針等商品名。

原理簡介

植物的光合作用可分為光反應與碳反應兩個步驟，光反應可藉吸收光能，將水分子分解成氫離子（H^+）與氧（O_2），因此光合作用產生氧的反應，應與光能的獲得息息相關。如果改變葉子的照光強度，是否會影響葉子產氧的速率呢？

若將葉片放入水中，因葉片組織中的縫隙藏有空氣，所以葉片會浮在水面。若給以加壓就會使葉片中的空氣溶於水，葉片中的氣體減少可使得葉片的密度增加，此時葉片會沉入水中。若葉片因照光而行光合作用，會逐漸產生氧，氧的氣體會充斥在葉片組織的縫隙中，使葉片中的氣體逐漸增加而使葉片的密度減少，此時葉片就可能浮上水面。基於以上的原理，可先將葉片沉入水中後，計算葉片沉入水後至浮起所花的時間，即可代表光合作用產氧的速率，越快浮起的葉片代表其光合作用的速率較快。

觀察與探究

1. 光線對葉子行光合作用速率的效應

（1）將葉子放在塑膠軟墊上，以粗的吸管（塑膠或金屬材質皆可）的邊緣強壓於葉面上，以取出葉錠（圖一），共取 5 個葉錠。

（2）將塑膠針筒的蓋子與推桿取出，針筒出口朝下，以手指蓋住出口（圖二 A）。

（3）將水倒入針筒，約至針筒筒身的四分之三高度，再將 5 個葉錠放入。

（4）將推桿放入針筒，使針筒內形成閉密空間（圖二 B）。

（5）在手指持續蓋住針筒開口的情形下，讓針筒緩慢地上下反轉，使針筒開口朝上（圖二 C）。

（6）手指放開後，將推桿推入針筒內，使針筒內幾乎沒有空氣，再蓋上針筒的蓋子（圖二 D）。

（7）將針筒開口朝下抵住桌面（圖二 E），觀察葉錠在水中的浮沉情形。

（8）用力壓迫針筒的推桿，使針筒內壓力增加（圖二 F），直到 5 片葉錠皆沉入水底。

（9）以檯燈照射針筒內的葉錠（圖三 A），並開始計時，測量 5 片葉錠各自浮起所需要的時間，並紀錄於表一。

（10）當 5 片葉錠皆浮起後，用力壓迫針筒的推桿，使針筒內壓力增加，直到 5 片葉錠皆再次沉入水底。

（11）移走檯燈，改以鋁箔紙包裹針筒，但露出可觀察到葉錠的縫隙（圖三 B），並開始計時，測量 5 片葉錠各自浮起所需要的時間，並紀錄於表一。

（12）計算葉錠經照光處理與鋁箔紙遮光處理，各自等待浮起所需時間的平均值，並於圖四繪製柱狀圖。

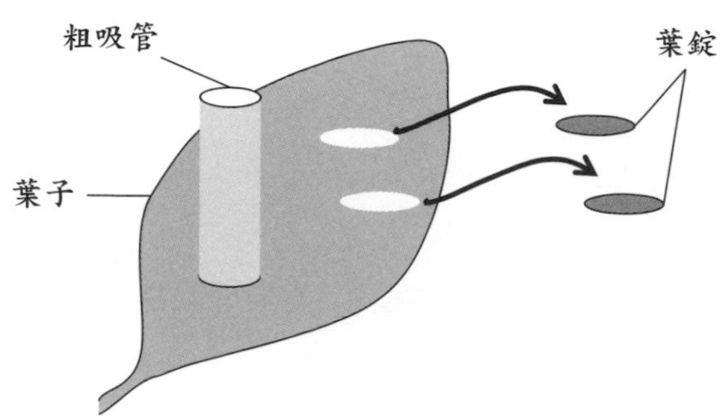

圖一　以粗吸管從葉子取出葉錠的示意圖。

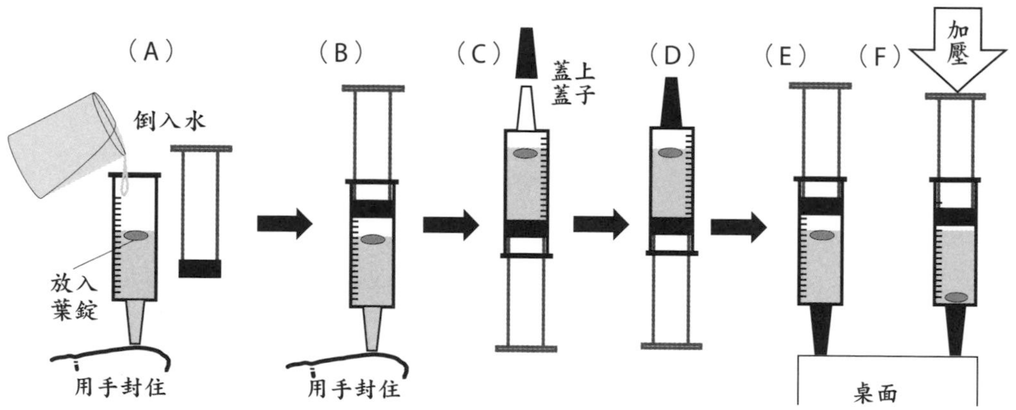

圖二　製作讓葉錠沉入水中後，觀察光合作用速率的操作過程示意圖。

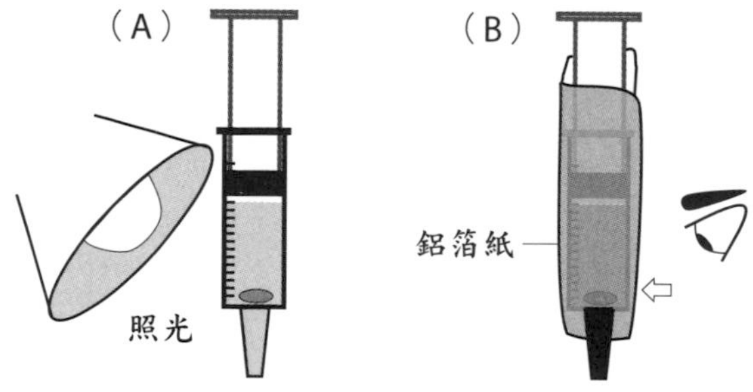

圖三　葉錠經照光處理與鋁箔紙遮光處理的操作過程示意圖。

科學紀錄

表一　在照光與不照光的情形下，等待葉錠浮起所需的時間（單位：秒）。

葉錠浮起的順序	1	2	3	4	5	平均
照光處理						
鋁箔紙遮光處理						

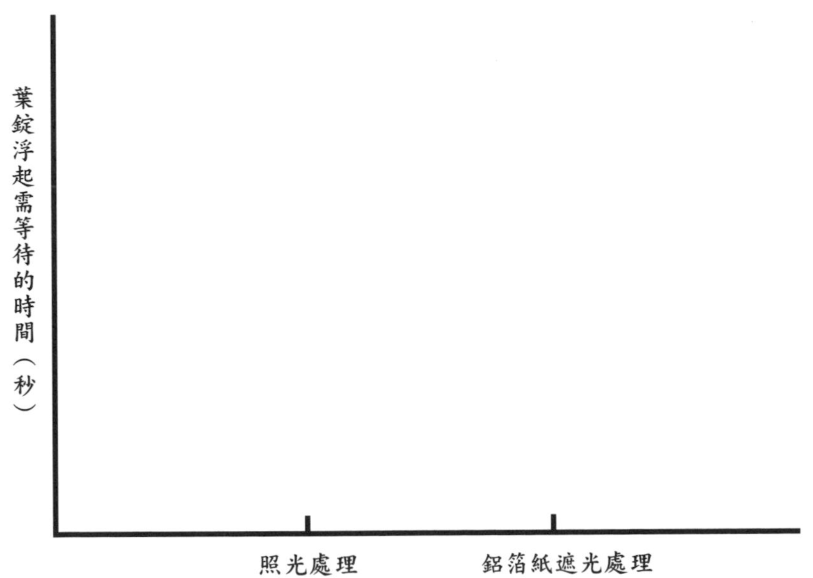

圖四　葉錠在照光與不照光的情形下，等待浮起所需的平均時間（秒）。

問題探究

1. 等待浮起所需的時間，5 片葉錠間的數值相近還是具明顯差異？
2. 照光與不照光的處理，哪一組的光合作用速率較快？
3. 如果照光與不照光處理的實驗操作順序相反（改成先做不照光，再做照光處理），會改變實驗結果嗎？

進階觀察與探究　綠色的植物構造都會行光合作用嗎？

活動前準備

1. 器材與工具：碼表（或其他可計時的工具）、塑膠針筒（含蓋子）、水、檯燈、小黃瓜、青椒、菜刀或水果刀、削皮刀。
2. 以 2 人或 4 人為一組。

原理簡介

除了葉子外，植物的許多構造也呈現綠色，例如：小黃瓜的外皮、青椒果實等。葉子呈綠色是因為葉子富含光合色素 - 葉綠素，那其他綠色的構造是否也含有葉綠素？這些構造可以進行光合作用嗎？我們可以利用在「初階觀察與探究」中所使用的操作方法，來探討這些綠色的植物構造是否可以進行光合作用？

實驗過程

1. 測量不同植物構造行光合作用的速率

(1) 以削皮刀削下小黃瓜的外皮，再切成約 1×1 公分的小黃瓜皮，約需 5 片。

(2) 依之前的操作步驟，使小黃瓜皮在針筒內沉入水底。

(3) 以檯燈照射針筒內的小黃瓜皮，並開始計時，測量 5 片小黃瓜皮各自浮起所需要的時間，並紀錄於表二；若時間超過 10 分鐘仍未浮起，則紀錄成 600 秒。

(4) 以菜刀將青椒果實切成 1×1 公分的青椒丁，約需 5 片。

(5) 依之前的操作步驟，使青椒丁在針筒內沉入水底。

(6) 以檯燈照射針筒內的青椒丁，並開始計時，測量 5 片青椒丁各自浮起所需要的時間，並紀錄於表二；若時間超過 10 分鐘仍未浮起，則紀錄成 600 秒。

(7) 計算小黃瓜皮與青椒丁經照光處理時，各自等待浮起所需時間的平均值，並於圖五繪製柱狀圖。

科學紀錄與數據處理

表二　在照光的情形下，等待小黃瓜皮與青椒果實浮起所需的時間（單位：秒）。

植物組織 浮起的順序	1	2	3	4	5	平均
小黃瓜皮						
青椒丁						

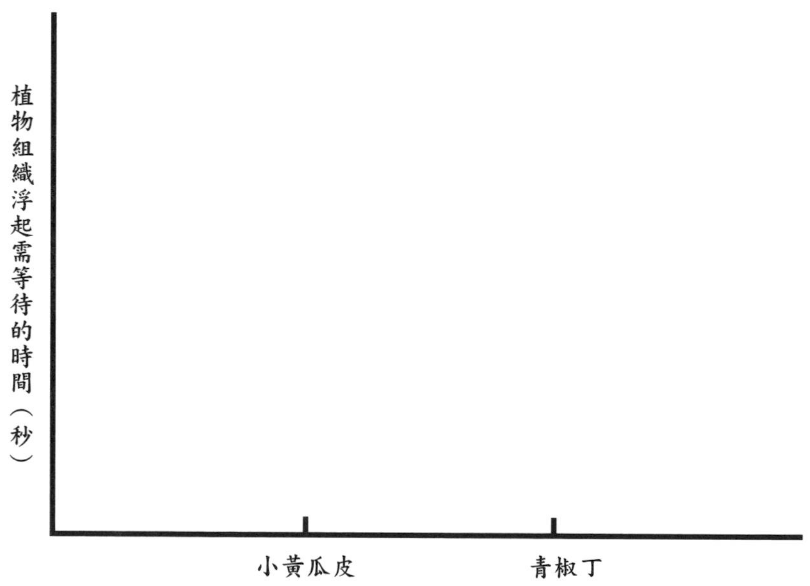

圖五　小黃瓜皮與青椒丁在照光的情形下，等待浮起所需的平均時間（秒）。

問題探究

1. 依據實驗結果，小黃瓜皮可以行光合作用嗎？
2. 依據實驗結果，青椒丁可以行光合作用嗎？
3. 無法行光合作用的植物組織，若沉在水底的時間夠久，有可能浮起嗎？

科學家訓練班（開放性的探究活動）

光合作用包含光反應與碳反應兩個反應步驟，若是碳反應無法順利進行，也會影響光反應的進行。碳反應需要以二氧化碳作為生化反應的原料，所以葉錠在水中是否可順利獲得二氧化碳，就會影響碳反應的反應速率。一般而言，酸性溶液較容易引發二氧化碳從水中釋出，鹼性溶液則相反。

請設計一個實驗，探討溶液的酸鹼值變化是否會影響光反應的進行？

任務回顧與省思

1. 在實驗操作與設計實驗的過程中，哪一步驟的挑戰最大？為什麼？
2. 還可以如何改良或設計實驗，使本次的探究任務能更圓滿的完成？
3. 除了本次的探究任務提供的因子，還可能有哪些因子也會影響光合作用的速率？

科學原理剖析

本探究任務是利用氧氣的產生速率，作為光合作用速率的指標，為何光合作用會產生氧呢？還有其他可以量化光合作用速率的指標嗎？

植物行光合作用，是在植物細胞內的葉綠體所進行的。光合作用可分為光反應與碳反應兩個階段，進行光反應時，葉綠體內的光合色素可吸收光能，利用光能將水分子分解成氫離子（H^+）、電子（e^-）與氧（O_2），並產生高能分子；進行碳反應時，則利用氫離子（H^+）、電子（e^-）與高能分子的能量，將二氧化碳（CO_2）轉變成醣類。因此，光合作用所產生的氧，是在光反應產生的，光反應所產生的其他物質，為碳反應的原料，若碳反應受阻，就無法消耗光反應的產物，也會影響光反應的進行。

光反應：$H_2O \rightarrow 4H^+ + O_2 + 4e^-$，並產生高能分子

碳反應：$CO_2 + 4H^+ + 4e^-$ ＋高能分子的能量 $\rightarrow$ 醣類

光合作用的總反應：$H_2O + CO_2 \rightarrow$ 醣類＋ O_2

曾有科學家以某植物研究光合作用，他以不同的光強度與二氧化碳濃度，測量光合作用的產氧速率。他發現光線的強度與二氧化碳濃度，皆會影響植物的產氧速率（圖六），其中，若二氧化碳濃度不足，會因阻礙了碳反應的進行，進而限制了光反應中的產氧速率。

由上面的描述可知，光合作用整體而言是消耗水與二氧化碳而產生醣類與氧的反應，因此在研究光合作用的速率時，除了可用產氧速率作為指標外，也可用水的消耗速率、二氧化碳的消耗速率或醣類的產生速率等作為量化指標。

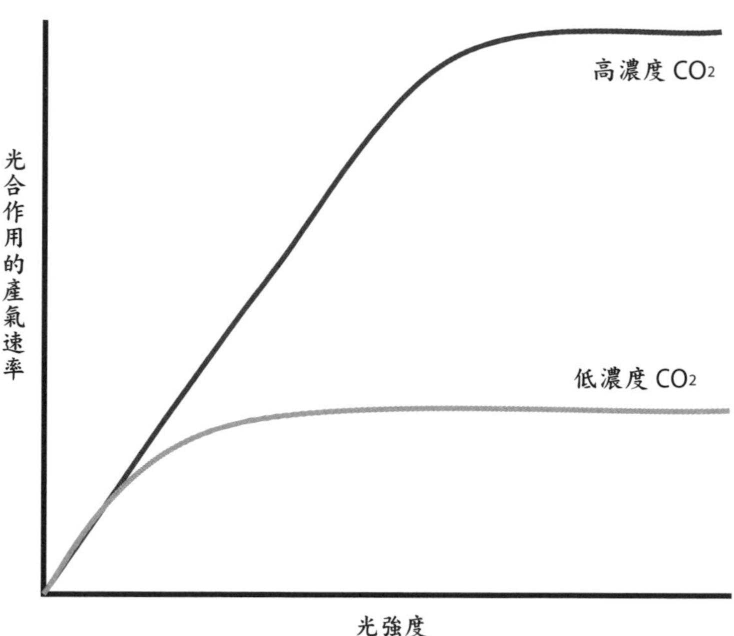

圖六　不同光強度與二氧化碳濃度，對某植物光合作用產氧速率的效應。

14 探究任務 水流面面觀

研究調查主題

如何測量流體的流量、流速與截面積

任務提示

不同形狀與不同大小的水壺，用同一個水龍頭來裝水，裝滿水所需的時間一樣嗎？容積小的水壺一下就裝滿了，容積大的水壺所需時較久。我們觀察水壺裝水的狀態，常是以水壺中液面上升的高度判斷，當液面高度快速上升，代表這個水壺很快就能裝滿水；相反地，若液面上升很緩慢，代表需要較久的裝水時間。如果在同一個水龍頭裝水，不同形狀但容量一樣的水壺，哪種形狀的水壺能較快裝滿水？哪種形狀的水壺在裝水過程中，水面上升的速度較快？

初階觀察與探究　供水器的製作與流量、流速的測量

活動前準備

1. 器材與工具：三種不同容積的燒杯（例如：50、100與500毫升）、尺、碼表或其他可計時的工具與自製供水器。

   尋找一個寶特瓶或牛奶罐，利用打火機將鐵筷或鐵釘燒熱後，用炙熱的鐵

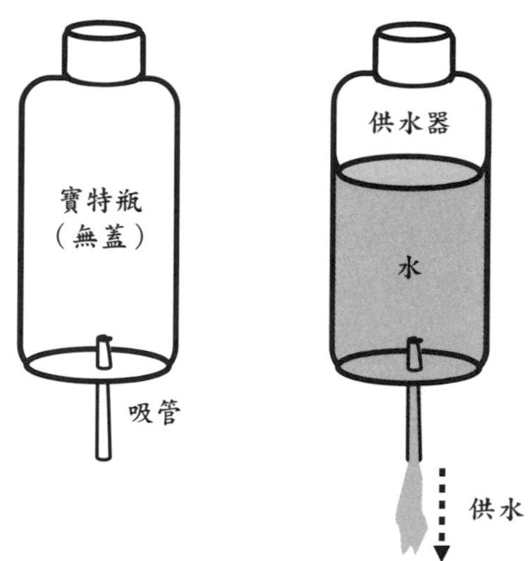

圖一　供水器的組成與供水方式示意圖。

筷或鐵釘將寶特瓶底部燒熔出一個可插入吸管的小洞，趁燒熔的塑膠還未冷卻凝固時，將吸管插入（在寶特瓶內的長度約 1 公分，在寶特瓶外的長度約 5～10 公分，如圖一）。待塑膠冷卻凝固後，在寶特瓶中裝水，檢驗吸管與寶特瓶之間是否有漏水的隙縫，若有漏水，擦乾後以黏土或熱熔膠將吸管外的縫隙填補至不漏水為止。此裝置裝水後，可由吸管流出水柱，作為本探究任務的「供水器」。供水器裝水時，以手指蓋住吸管末端，待裝滿水後，手指一離開吸管即可開始供水。

2. 觀察與實驗的場所以有水龍頭供水與水槽處為佳，若無供水設備，則須以水桶、大水盆與水瓢等工具，用以供水與盛水。
3. 以 2 人或 4 人為一組。

小小提醒

使用打火機需注意用火安全，亦要避免身體靠近鐵筷或鐵釘的炙熱之處，炙熱的鐵筷或鐵釘在使用後宜立即放入冷水中冷卻，以免誤傷。若有安全或班級管理的疑慮，亦可由教師事先準備，或尋找具同樣功能的現成器材代替，例如：附水龍頭的水桶，或是直接以水龍頭作為供水源，兩者皆可利用「刻度記號」或開至最大，以控制每次實驗時供水的流量一致。

原理簡介

「流量」與「流速」是日常生活中常用的術語，但各自有其定義而不能混用。「流量」是指流體於單位時間內流過的體積，例如：水龍頭連接一條水管，開啟水龍頭後，此水管每秒流出多少毫升的水（毫升／秒）。「流速」是指流體於單位時間內流過的距離，例如：開啟水龍頭後，水管內的水每秒可向前流動多少公分（公分／秒）。

在紀錄水的「流量」時，測量其體積常用的單位包含毫升、c.c. 或立方公分，其中毫升（milliliter，縮寫成 mL）是測量液體體積的單位，c.c.（cubic centimeter）是測量容器容積的單位；立方公分（cm^3）則可作為體積或是容積的單位。但在日常生活中，毫升、c.c. 或立方公分常常混用，1 毫升相當於是 1 立方公分，也相當於是 1 c.c.。

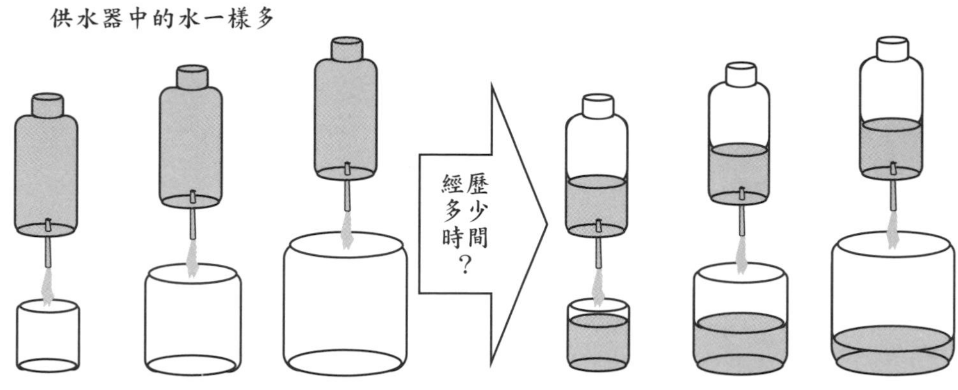

圖二　以同一供水器，分別注水至大小不同的燒杯，直到達相同的體積的操作示意圖。

觀察與探究

1. **注水至不同大小的燒杯而累積至同樣的體積，何者所需時間較久**

（1）以同一個供水器，分別注水至容積為 50、100 與 500 毫升的燒杯。

（2）以碼表各自紀錄燒杯內水量達 50 毫升所花費的時間（圖二），各測量 3 次。

（3）將數據紀錄於表一。

（4）計算出各組平均後，於圖四畫製柱狀圖。

小小提醒

在注水至燒杯的過程中，若液面因波動而難以判斷，可事先於燒杯中放置面積小於燒杯口徑的珍珠板（或寶利龍板），在注水過程中，以珍珠板隨水上升的位置，作為判斷液面位置的依據。

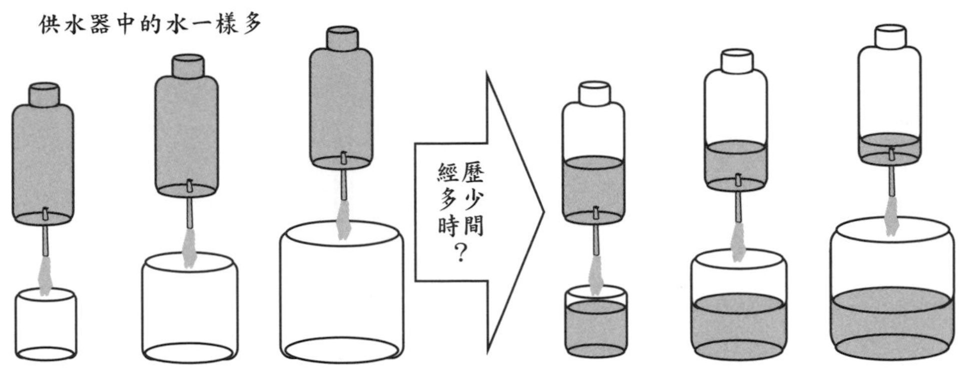

圖三　以同一供水器，分別注水至大小不同的燒杯，
直到達相同的液面高度的操作示意圖。

2. 注水至不同大小的燒杯而達到同樣的液面高度，何者所需時間較久

（1）在燒杯中直立一尺，調整位置與角度，方便觀察尺上的刻度。

（2）以同一個供水器，分別注水至容積為 50、 100 與 500 毫升的燒杯。

（3）以碼表各自紀錄當燒杯中液面達 5 公分時所花費的時間（圖三），各測量 3 次。

（4）將數據紀錄於表二。

（5）計算出各組平均後，於圖五畫製柱狀圖。

小小提醒

若尺置於燒杯中，其刻度不易判斷，則可事先測量燒杯底部往上 5 公分處，以貼紙或其他方式作註記。

科學紀錄

表一　不同大小的燒杯，以同一供水器供水，水的容積達 50 毫升時所花費的時間。

重複次數／燒杯大小	**容積達 50 毫升時**所花費的時間			
	第一次	第二次	第三次	平均（A）
50 毫升燒杯				
100 毫的燒杯				
500 毫升燒杯				

表二　不同大小的燒杯，以同一供水器供水後，液面高度達 5 公分所花費的時間。

重複次數／燒杯大小	**液面高度達 5 公分**所花費的時間			
	第一次	第一次	第一次	平均（B）
50 毫升燒杯				
100 毫的燒杯				
500 毫升燒杯				

請將表一所得的數據中，以不同大小的燒杯作為橫坐標，各組平均花費時間作為縱坐標，繪製柱狀圖於圖四，以比較「不同燒杯的大小」分別對「容積達 50 毫升所需時間」的效應。

請將表二所得的數據中，以不同大小的燒杯類型作為橫坐標，各組平均花費時間作為縱坐標，繪製柱狀圖於圖五，以比較「不同燒杯的大小」分別對「液面高度達 5 公分所需時間」的效應。

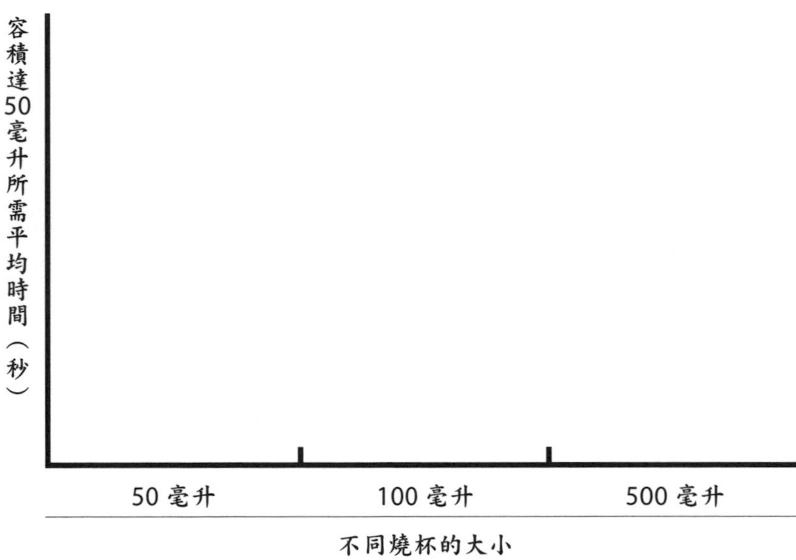

圖四　不同大小的燒杯注水後，容積達 50 毫升所需時間。

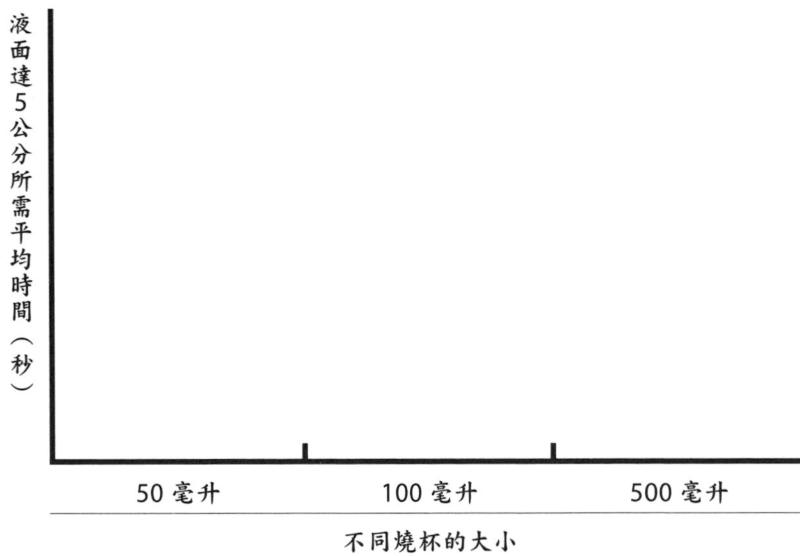

圖五　不同大小的燒杯注水後，液面高度達 5 公分所需時間。

問題探究

1. 「燒杯的大小」對「容積達 50 毫升所需時間」有什麼影響？
2. 「燒杯的大小」對「液面高度達 5 公分所需時間」有什麼影響？

進階觀察與探究　注水器的流量與流速會隨時間改變嗎？

活動前準備

1. 器材與工具：
   （1）自製供水器或其他供水設備、燒杯、尺。
   （2）碼表或其他可計時的工具。
2. 觀察與實驗的場所以有水龍頭供水與水槽處為佳，若無供水設備，可以水桶、大水盆與水瓢等工具來供水與盛水。
3. 以 2 人或 4 人為一組。

原理簡介

供水器所流出水的流量，可用單位時間流入燒杯的水體積作為測量方式，但供水器所流出水的流速要如何測量呢？流速的大小與所流經的管徑息息相關，若流經的管徑有大、有小，則可用不同內徑大小的燒杯，透過承接水時的水面上升高度，作為測量不同管徑內水之流速的方法。

若兩條水管的某一區域各有不同大小的管徑，該區域的就會有各自不同的流速（圖六），但水在水管內前進的距離不易觀察、測量，因此不易測量單位時間水在水管內前進的距離。若是將水管的水導入不同管徑的燒杯，再透

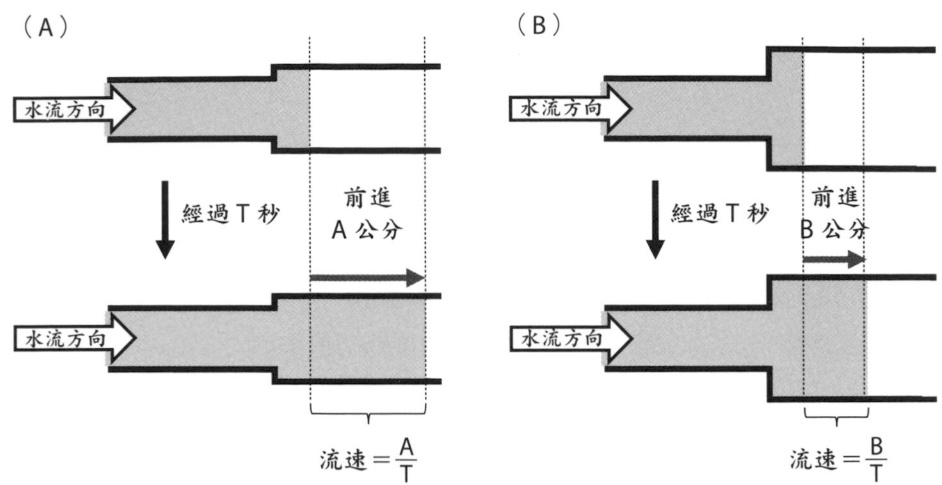

圖六　不同管徑的水管區域，計算其流速的方式。
（A）管徑較小之的水管區域的流速。
（B）管徑較大之的水管區域的流速。

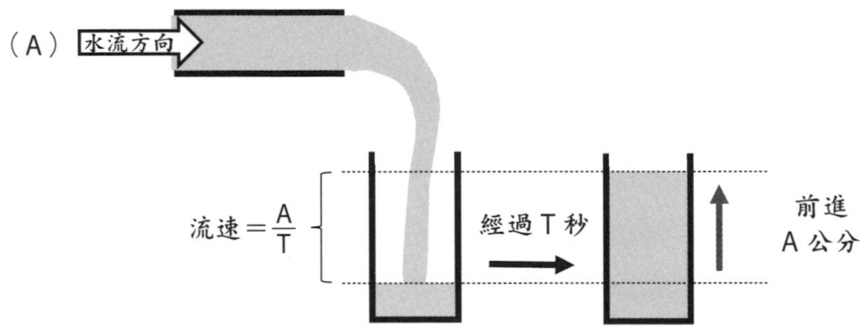

圖七　測量單位時間內不同管徑之燒杯內水面上升的距離，即可算出不同管徑的流速。
（A）管徑較小之燒杯內的流速。
（B）管徑較大之燒杯內的流速。

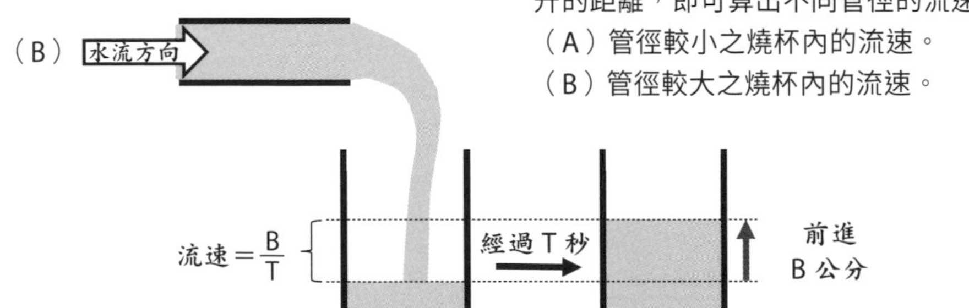

過測量單位時間內燒杯內水面上升的距離（圖七），一樣能測量在不同管徑中水的流速。

實驗過程

1. 供水器的「流量」是恆定不變的嗎？

（1）依據自製的供水器容量，選擇適當大小的燒杯，例如自製供水器的大約 500 毫升，就選用 500 毫升的燒杯。

（2）將注滿水的供水器遮住其開口，下方放置燒杯。

（3）放開供水器的開口並開始計時，紀錄每 5 秒時燒杯內的水體積，各測量 3 次。

（4）將數據紀錄於表三。

（5）計算出每 5 秒燒杯內新增的水體積，在計算平均後，比較供水器的「流量」隨時間的變化情形。

2. 供水器的「流速」是恆定不變的嗎？

（1）依據自製的供水器容量，選擇適當大小的燒杯，例如自製供水器的大約 500 毫升，就選用 500 毫升的燒杯。

（2）將注滿水的供水器遮住其開口，下方放置燒杯。在燒杯中直立一尺，調整位置與角度，方便由燒杯外觀察到尺上的刻度。

（3）放開供水器的開口並開始計時，紀錄每 5 秒時燒杯內的水高度，各測量 3 次。

（4）將數據紀錄於表四。

（5）計算出每 5 秒燒杯內新增水的高度，在計算平均後，比較供水器的「流速」隨時間的變化情形。

科學紀錄與數據處理

表三　紀錄每 5 秒燒杯內的水體積數值，並計算「流量」變化。
（表格中的時間可依實際狀況調整）

時間	5 秒	10 秒	15 秒	20 秒	25 秒	30 秒
累計體積（毫升）	（A）	（B）	（C）	（D）	（E）	（F）
體積增加量（毫升）	（B-A）	（C-B）	（D-C）	（E-D）	（F-E）	
流量（毫升／秒）	$\frac{B-A}{5}$	$\frac{C-B}{5}$	$\frac{D-C}{5}$	$\frac{E-D}{5}$	$\frac{F-E}{5}$	

表四　紀錄每 5 秒燒杯內的水高度數值，並計算「流速」變化。

時間	5 秒	10 秒	15 秒	20 秒	25 秒	30 秒
累計高度（公分）	（A）	（B）	（C）	（D）	（E）	（F）
高度增加量（公分）	（B-A）	（C-B）	（D-C）	（E-D）	（F-E）	
流速（公分／秒）	$\frac{B-A}{5}$	$\frac{C-B}{5}$	$\frac{D-C}{5}$	$\frac{E-D}{5}$	$\frac{F-E}{5}$	

請將表三所得的數據中，以不同時間作為橫坐標，於圖八繪製折線圖，以比較「不同時間」時的「流量」大小變化。

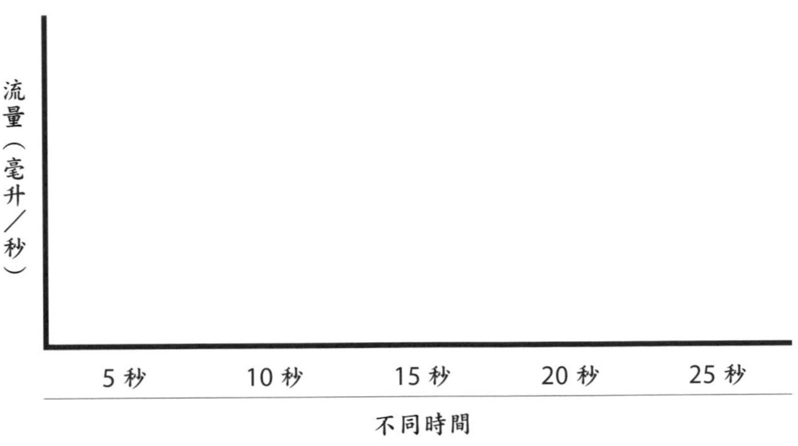

圖八　不同時間時的流量大小變化。

請將表四所得的數據中，以不同時間作為橫坐標，於圖九繪製折線圖，以比較「不同時間」時的「流速」大小變化。

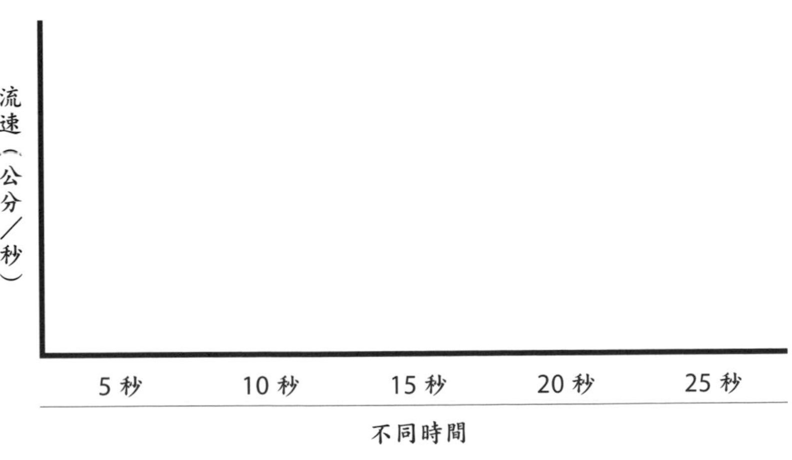

圖九 不同時間時的流速大小變化。

問題探究

1. 以供水器供水，其流入燒杯的「流量」會隨時間改變嗎？
2. 以供水器供水，其流入燒杯的「流速」會隨時間改變嗎？
3. 若以水龍頭供水，其流入燒杯的「流量」與「流速」會隨時間改變嗎？

科學家訓練班（開放性的探究活動）

若在一個水流的管道中，流量會等於流速乘以截面積，如以下等式：

流量（立方公分／秒）＝ 流速（公分／秒）× 截面積（平方公分）

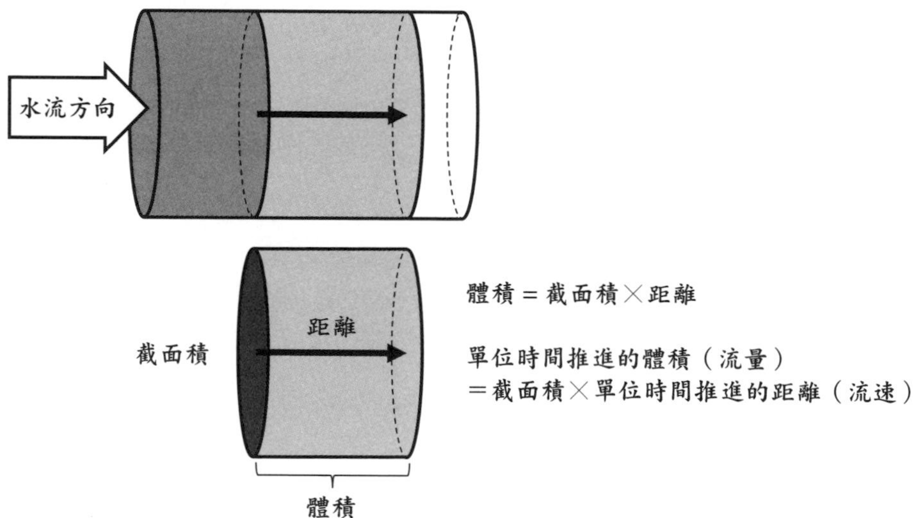

圖十　在一連續的水管中，單位時間推進的體積（流量）會等於截面積乘以單位時間推進的距離（流速）。

在一定時間內，水管內推進的水體積，會等於截面積乘以水前進的距離，若將水管內推進的水體積除以歷經的時間，即為單位時間推進的體積（也就是流量），會等於截面積乘以單位時間內水前進的距離（圖十）。

請依據以上的原理，與之前在燒杯中注水後水面上升與注水體積變化等實驗數據，推算各種燒杯的截面積（圓形的面積）各為何？

任務回顧與省思

1. 在實驗操作與設計實驗的過程中，哪一步驟的挑戰最大？為什麼？
2. 還可以如何改良或設計實驗，使本次的探究任務能更圓滿的完成？
3. 在洗東西或澆花時，常會捏緊水管的末端，為什麼要這麼做？原理為何？

科學原理剖析

本科學探究活動主要所探討的流體性質，是連續方程式中（equation of continuity）的部分性質。其內容是指不會被壓縮的流體，在流經不同管徑的通道時，若其流量不變（單位時間流過的體積），則流經較細的通道時，其流速（單位時間流經的距離）較快，而流經較粗的通道時，其流速（單位時間流經的距離）較慢，以維持其流量的恆定。若以截面積（A）代表管徑的大小，而 X 代表流速，則此管道的流量維持 A x X（圖十一），且在此管道中任一段皆會維持流量的不變，則當 A（截面積）增加時，X（流速）則會減小。此關係可用以下方程式表示：

$$\text{流量（不變）} = A_1 \times X_1 = A_2 \times X_2 = A_3 \times X_3 = \cdots\cdots$$

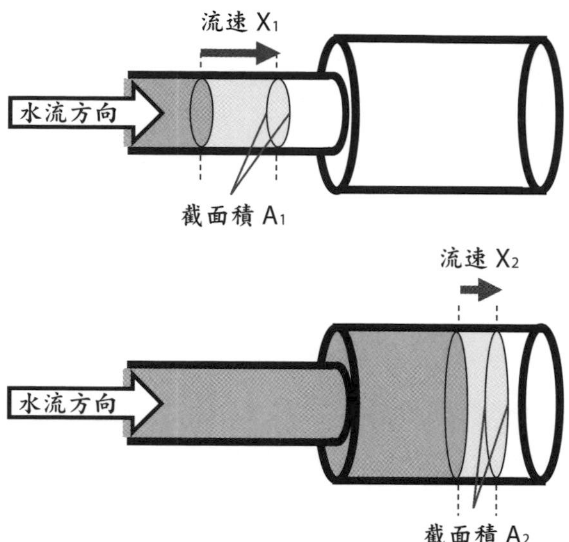

圖十一　流體的連續方程式中示意圖，同一管道中的各段皆保持流量不變。

15 探究任務 聲形傳意

研究調查主題

嘴形與隆巴德效應在聲音訊息傳遞中所扮演的角色

任務提示

人類的溝通除了透過視覺外，有很大的比例是透過聽覺所完成的。想想你平時在學校與師長或其他同學的溝通方式，是不是常依賴說話與聆聽達到溝通的目的？我們在聆聽他人說話時，除了用聽覺辨識陳述的內容之外，其實也依賴對嘴形變化的判讀。此外，在環境中若有其他聲音的干擾時，我們的聲音溝通會有什麼改變呢？

初階觀察與探究　嘴形在訊息傳遞中所扮演的角色

活動前準備

1. 器材與工具：口罩、耳機與播放音樂的器材（如手機、電腦）。
2. 以 2 人或 4 人為一組。

原理簡介

人類在進行語言溝通時，若是能同時看到嘴形變化，甚至是臉部表情，訊息傳遞的效果會較佳。許多聽覺障礙的民眾在與人溝通時，非常依賴觀察說話者的嘴形變化，因此若戴上口罩後，訊息傳遞常常會受阻，而不清楚說話者在表達什麼了。

本探究任務以「聽覺解讀」、「嘴形觀察」與「干擾聲音」等因子作為主題，探討這些因子對「訊息傳遞正確率」的效應。

觀察與探究

1. 「聽覺解讀」與「嘴形觀察」對訊息傳遞正確率的效應

（1）在表一中編號 1 至 20 的格子下方，各隨意寫下一個英文字母，僅讓說話者看到。

（2）說話者與聆聽者相對而坐，彼此可看到對方臉部與聽到對方說話。說話者依序念出編號 1 至 20 的英文字母，每個編號僅念一遍。

（3）聆聽者依序紀錄編號 1 至 20 的字母，並計算字母訊息傳遞錯誤的比率（%），紀錄於表二。

（4）在表一另外隨機寫下編號 1 至 20 的英文字母，說話者戴上口罩，重複上述（2）～（3）操作。

（5）計算字母訊息傳遞錯誤的比率（%），紀錄於表三。

（6）在表一另外隨機寫下編號 1 至 20 的英文字母，說話者不戴口罩，不發出聲音，僅以口形傳遞訊息，重複上述（2）～（3）操作。

（7）計算字母訊息傳遞錯誤的比率（%），紀錄於表四。

2.「干擾聲音」對訊息傳遞正確率的效應

（1）聆聽者雙耳戴上耳機並播放音樂。

（2）如同觀察與探究 1，於表五紀錄說話者在正常情形下的訊息傳遞正確率。

（3）如同觀察與探究 1，於表六紀錄說話者戴上口罩（僅有聽覺解讀）時的訊息傳遞正確率。

（4）如同觀察與探究 1，於表七紀錄說話者不發出聲音（僅有嘴形觀察）時的訊息傳遞正確率。

3. 實驗結果繪製成圖形以進行比較

（1）將說話者在正常情形下（表二）、戴上口罩僅聽覺解讀（表三）與不發出聲音僅嘴形觀察（表四）三種情形的訊息傳遞正確率，於圖一繪製成柱狀圖。

（2）將聆聽者受聲音干擾時，說話者在正常情形下（表五）、戴上口罩僅聽覺解讀（表六）或不發出聲音僅嘴形觀察（表七）三種情形的訊息傳遞正確率，於圖二繪製成柱狀圖。

（3）將聆聽者未受聲音干擾時、說話者正常情形下（表二）的訊息傳遞正確率，與聆聽者受聲音干擾時、說話者正常情形下（表五）的訊息傳遞正確率，於圖三繪製成柱狀圖。

科學紀錄（以下表格可依實驗需求，印製多份備用）

1.「聽覺解讀」與「嘴形觀察」對訊息傳遞正確率的效應

表一　說話者隨機編號寫下 1 至 20 的英文字母。

• 正常情形下（聽覺解讀＋嘴形觀察）

編號	1	2	3	4	5	6	7	8	9	10
字母										
編號	11	12	13	14	15	16	17	18	19	20
字母										

• 說話者戴上口罩（僅有聽覺解讀）

編號	1	2	3	4	5	6	7	8	9	10
字母										
編號	11	12	13	14	15	16	17	18	19	20
字母										

• 說話者不發出聲音（僅有嘴形觀察）

編號	1	2	3	4	5	6	7	8	9	10
字母										
編號	11	12	13	14	15	16	17	18	19	20
字母										

表二　說話者正常情形下（聽覺解讀＋嘴形觀察）聆聽者的訊息傳遞正確率紀錄。

編號	1	2	3	4	5	6	7	8	9	10
字母										
是否正確										
編號	11	12	13	14	15	16	17	18	19	20
字母										
是否正確										

正確次數總和（次）		正確率（%）	

表三　說話者戴口罩（僅有聽覺解讀）時，聆聽者的訊息傳遞正確率紀錄。

編號	1	2	3	4	5	6	7	8	9	10
字母										
是否正確										
編號	11	12	13	14	15	16	17	18	19	20
字母										
是否正確										

正確次數總和（次）		正確率（%）	

表四　說話者不發出聲音（僅有嘴形觀察）時，聆聽者的訊息傳遞正確率紀錄。

編號	1	2	3	4	5	6	7	8	9	10
字母										
是否正確										
編號	11	12	13	14	15	16	17	18	19	20
字母										
是否正確										
正確次數總和（次）						正確率（%）				

2.「干擾聲音」對訊息傳遞正確率的效應

表五　說話者正常情形下（聽覺解讀＋嘴形觀察）、聆聽者受聲音干擾時的訊息傳遞正確率紀錄。

編號	1	2	3	4	5	6	7	8	9	10
字母										
是否正確										
編號	11	12	13	14	15	16	17	18	19	20
字母										
是否正確										
正確次數總和（次）					正確率（%）					

表六　說話者戴口罩（僅有聽覺解讀）、聆聽者受聲音干擾時的訊息傳遞正確率紀錄。

編號	1	2	3	4	5	6	7	8	9	10
字母										
是否正確										
編號	11	12	13	14	15	16	17	18	19	20
字母										
是否正確										
正確次數總和（次）					正確率（%）					

表七　說話者不發出聲音（僅有嘴形觀察）、聆聽者受聲音干擾時的訊息傳遞正確率紀錄。

編號	1	2	3	4	5	6	7	8	9	10
字母										
是否正確										
編號	11	12	13	14	15	16	17	18	19	20
字母										
是否正確										
正確次數總和（次）				正確率（%）						

3. 實驗結果繪製成圖形以進行比較

（1）請於圖一繪製柱狀圖，比較說話者在正常情形下、戴口罩（僅有聽覺解讀）與不發出聲音（僅有嘴形觀察）三種情形的訊息傳遞正確率。

（2）請於圖二繪製柱狀圖，比較將聆聽者受聲音干擾時，說話者在正常情形下、戴口罩（僅有聽覺解讀）與說話者不發出聲音（僅有嘴形觀察）三種情形的訊息傳遞正確率。

（3）請於圖三繪製柱狀圖，比較說話者正常情形下，比較聆聽者未受聲音干擾與受聲音干擾時的訊息傳遞正確率。

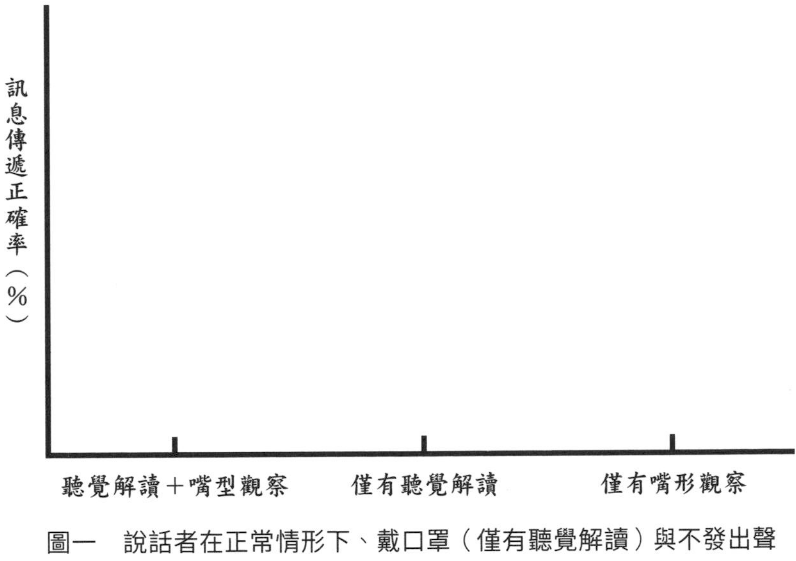

圖一　說話者在正常情形下、戴口罩（僅有聽覺解讀）與不發出聲音（僅有嘴形觀察）三種情形的訊息傳遞正確率比較。

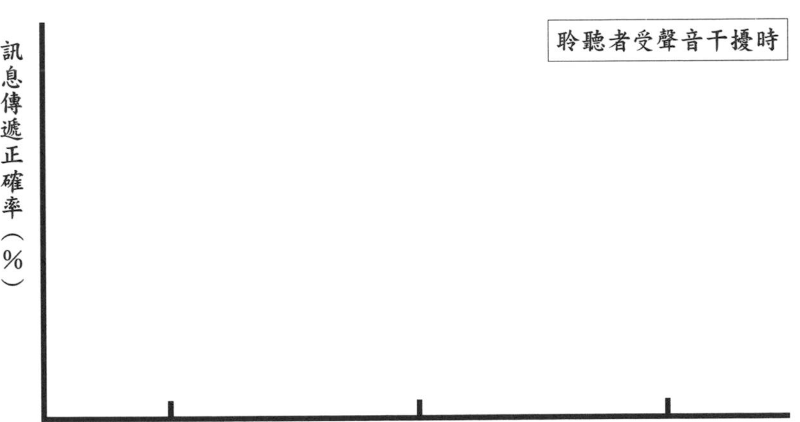

圖二　聆聽者受聲音干擾時，說話者在正常情形下、戴口罩（僅有聽覺解讀）與不發出聲音（僅有嘴形觀察）三種情形的訊息傳遞正確率比較。

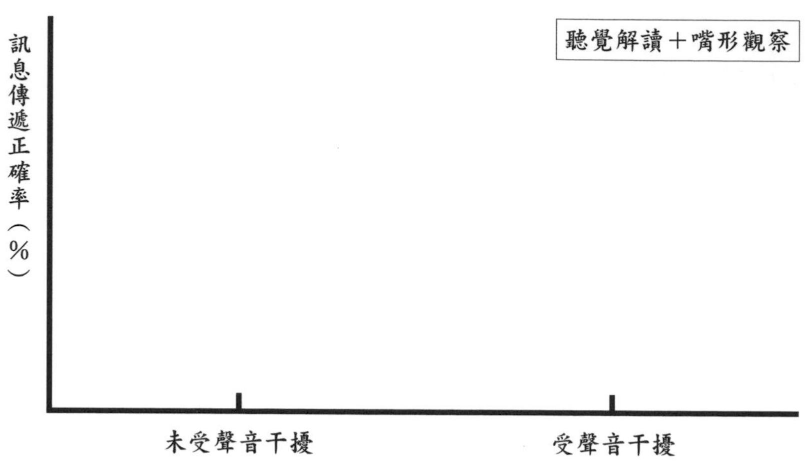

圖三　說話者正常情形下，聆聽者在未受聲音干擾與受聲音干擾時的訊息傳遞正確率比較。

問題探究

1. 依據實驗結果，聽覺解讀與嘴形觀察，哪一項對訊息傳遞正確率的影響較大？為什麼？
2. 依據實驗結果，聽覺解讀與嘴形觀察兩種訊息傳遞方式，聲音的干擾對何者影響較大？為什麼？
3. 若要增加訊息傳遞的正確率，可以有哪些作為？

進階觀察與探究　聲音的干擾是否會改變說話者的頻率？

活動前準備

1. 器材與工具：耳機、可播放音樂與錄音的器材（如手機、電腦）、聲音分析軟體（如：Audacity）。
2. 以 2 人或 4 人為一組。

原理簡介

如果你在聲音吵雜的環境中與人聊天，常常需要更大聲說話，或是改變聲音的頻率，才能讓對方清楚聽到的你的話語。若是在說話時，環境中出現其他的聲音干擾，我們要如何測量說話者的聲音頻率是否會因此改變呢？

實驗過程

1. 聲音頻率的分析方式

（1）說話者念出 1 到 10 的數字，以錄音設備（如錄音機、手機）錄製成聲音檔案。

（2）在電腦中安裝聲音編輯與分析軟體，如：免費的軟體 -Audacity（下載網址：https:／／ www.audacityteam.org ／）。

（3）在電腦中開啟聲音編輯與分析軟體，並在此軟體中開啟聲音檔案。

（4）選取想要分析的聲音片段範圍（如圖四）。

（5）在「分析」的選單中選取「描繪頻譜」功能（圖五），會跳出「頻率分析」的視窗。

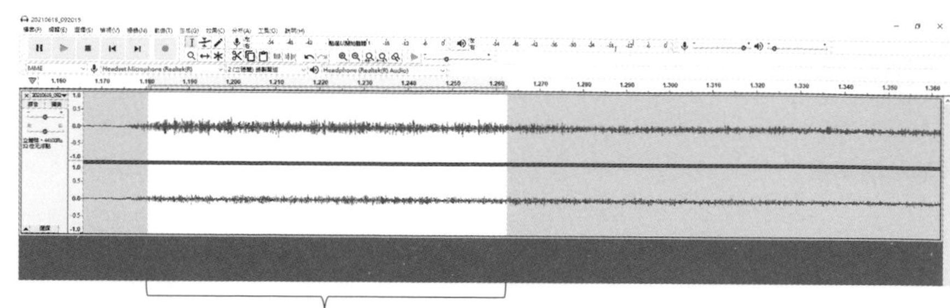

選取分析的聲音片段範圍

圖四　在 Audacity 軟體中，選取想要分析的聲音片段範圍。

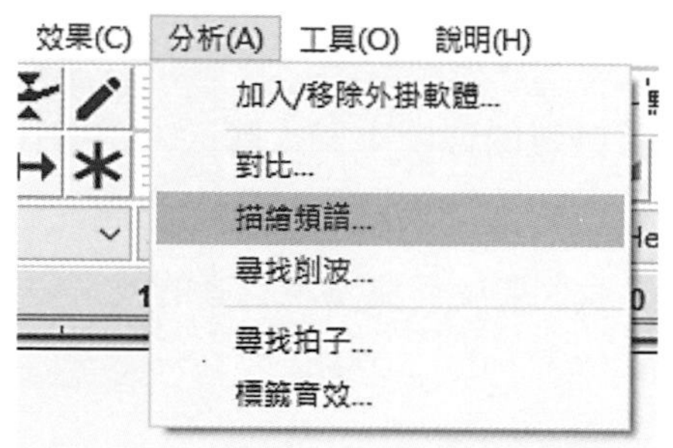

圖五　在「分析」的選單中選取「描繪頻譜」功能。

（6）在頻率分析的視窗中，以滑鼠選取能量最大的聲音頻率（圖六），並紀錄下來。

2. 戴上耳機對說話者聲音頻率的效應

（1）說話者先戴上耳機，但耳機不撥放任何聲音。

（2）說話者念出 1 到 10 的數字，同時以錄音設備（如錄音機、手機）錄製成聲音檔案。

（3）在錄音不中斷的請形下，說話者脫下耳機，再念出 1 到 10 的數字。

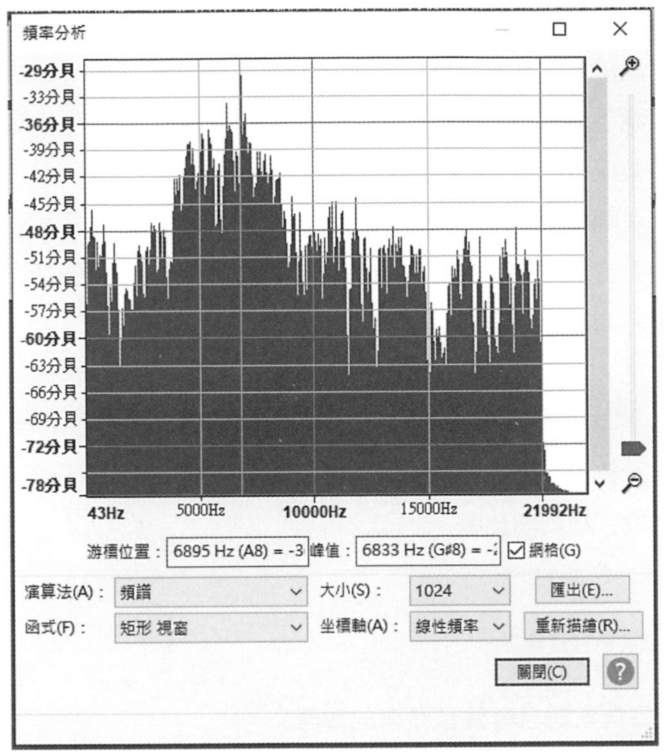

圖六　在頻率分析的視窗中，以滑鼠選取能量最大（縱軸為聲音能量大小）的聲音頻率，並紀錄下來。以此圖為例，能量最大（約 -30 分貝）的聲音頻率為 6833 Hz。

（4）聲音檔案中的前半部分與後半部分，分別是說話者戴耳機與未戴耳機時的說話錄音。

（5）以 Audacity 分析聲音檔案中的前半部分與後半部分，數字 1 到 10 個字發音的聲音頻譜，並於表八紀錄能量最大的聲音頻率。

（6）計算戴上耳機與未戴上耳機時，說話者的平均聲音頻率，並於圖七繪製柱狀圖比較。

3. 聲音的干擾對說話者聲音頻率的效應

（1）說話者先戴上耳機，但耳機不撥放任何聲音。

（2）說話者念出 1 到 10 的數字，同時以錄音設備（如錄音機、手機）錄製成聲音檔案。

（3）在錄音不中斷的情形下，耳機開始播放音樂，再念出 1 到 10 的數字。

（4）聲音檔案中的前半部分與後半部分，分別是無聲音干擾與有聲音干擾時的說話錄音。

（5）以 Audacity 分析聲音檔案中的前半部分與後半部分，數字 1 到 10 個字發音的聲音頻譜，並於表九紀錄能量最大的聲音頻率。

（6）計算無聲音干擾與有聲音干擾時，說話者的平均聲音頻率，並於圖八繪製柱狀圖比較。

科學紀錄與數據處理

1. 戴上耳機對說話者聲音頻率的效應

表八　戴上耳機與未戴上耳機時，說話者的最大的聲音頻率（單位：Hz）紀錄。

發音 音檔	1	2	3	4	5	6	7	8	9	10	平均
戴上 耳機											
未戴上 耳機											

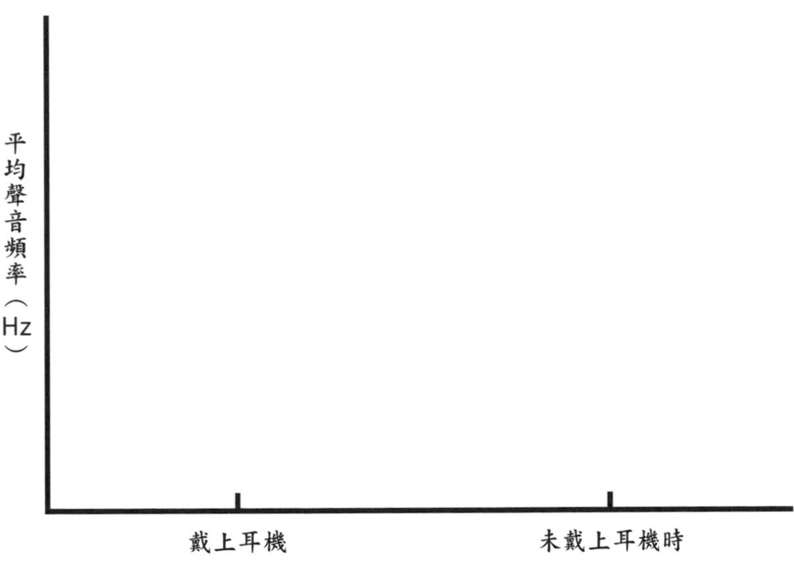

圖七　計算戴上耳機與未戴上耳機時，說話者的平均聲音頻率比較。

2. 聲音的干擾對說話者聲音頻率的效應

表九　無干擾與有聲音干擾時，說話者的最大的聲音頻率（單位：Hz）紀錄。

發音音檔	1	2	3	4	5	6	7	8	9	10	平均
無干擾											
有聲音干擾											

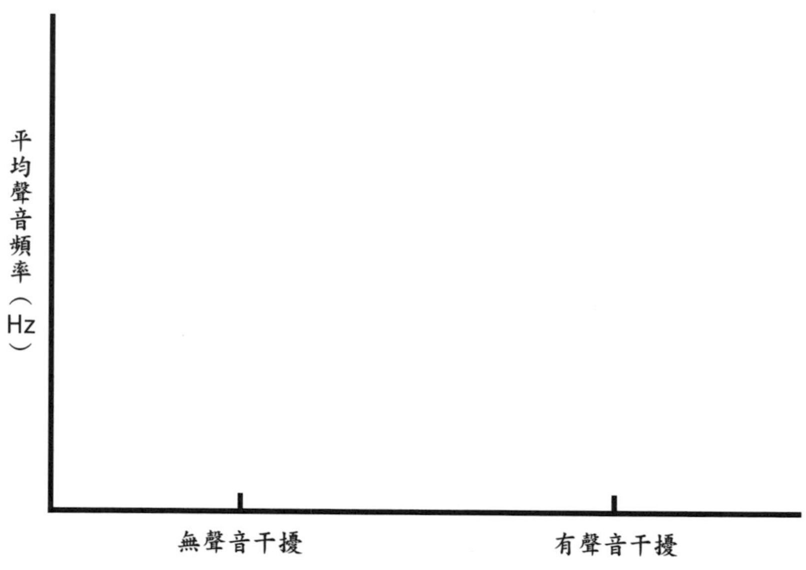

圖八　無干擾與有聲音干擾時，說話者的平均聲音頻率比較。

問題探究

1. 依據實驗結果，戴上耳機與未戴上耳機時，說話者的平均聲音頻率有所不同嗎？
2. 承第 1 題，這個現象是因為戴上耳機後，對自己的聲音聽得更清楚還是更不清楚？要如何證明？
3. 依據實驗結果，無干擾與有聲音干擾時，說話者的平均聲音頻率有所不同嗎？為什麼？

科學家訓練班（開放性的探究活動）

在有干擾音的干擾下，受干擾的說話者常會改變聲音頻率，希望聲音的訊息不受干擾而正確傳遞。若是干擾的聲音是低頻率的聲音，或是高頻率的聲音，各自會對說話者的說話頻率產生什麼效應？是說話聲音的頻率會增加（聲音變高音）？還是減少（聲音變低音）？

請設計一個時驗，驗證在低頻率或是高頻率的干擾聲音作用下，對於受干擾之說話者的聲音頻率各會產生什麼效應？

任務回顧與省思

1. 在實驗操作與設計實驗的過程中，哪一步驟的挑戰最大？為什麼？
2. 還可以如何改良或設計實驗，使本次的探究任務能更圓滿的完成？
3. 除了本次的探究任務提供的因子，還可能有哪些因子也會影響說話者的聲音頻率？

科學原理剖析

1909 年法國耳鼻喉科醫生愛蒂安・隆巴德（Étienne Lombard, 1869-1920）發現在有干擾音的干擾下，人們在說話時常會提高聲音頻率、強度或是延長語句等的現象，這個現象被稱為隆巴德效應（Lombard effect）。目前已知會產生的效應包含：增加聲音的基本頻率、從低頻到中高頻移動能量、增加聲音強度、延長聲音、加強某頻段聲音等。

此外，不僅人類具有隆巴德效應，其他動物也具有隆巴德效應，如：虎皮鸚鵡、貓、雞、海豹、普通狨猴等。近期研究發現在噪聲干擾下，具迴聲定位能力的蝙蝠可產生聲音強度的變化，以產生補償性的現象。

目前學者認為昆蟲可能不具有調節聲音之頻率與能量的能力，因為昆蟲大多會為達最有效的訊息傳遞功效，會選擇以最大的聲音強度，換句話說，昆蟲經常發出自身極限的嘶鳴聲，而在這個狀態下，已達飽和的聲音強度，幾乎無法再透過改變身體的共鳴構造來改變聲音性質，因而無法為隆巴德效應留下可能的機制。但筆者所指導的科展研究，發現馬達加斯加蟑螂（*Gromphadorhina portentosa*）會因干擾音的作用而產生隆巴德效應。

16 探究任務 魚躍龍門

研究調查主題

以虹吸現象探討水管內徑與長度對水流阻力的效應

任務提示

若想將高處水盆的水移到低處，可利用虹吸原理，透過水管將水盆中的水排到低處。利用水管藉虹吸現象而吸水排出的效率，與水管的粗細程度（內徑大小）與長度有關，也與水盆的高度有關，這些因子對於虹吸現象各有什麼影響呢？

初階觀察與探究　水盆的高度對排水速率的效應

活動前準備

1. 器材與工具：兩個水盆（或水桶）、橡膠水管（兩條長、一條短，水管長度依實驗現場裝置決定）；水、量杯、油性筆或紙膠帶、碼表或其他可計時的工具。
2. 以 2 人或 4 人為一組。

原理簡介

要利用虹吸現象將高處水盆中的水，經虹吸轉移至較低水盆中，其關鍵因素是兩個水盆須具有高低落差。兩水盆的高低落差越大，虹吸現象越為明顯嗎？水的轉移效率越高嗎？兩水盆的高低落差所產生的影響，是起因於兩水盆的水面高低差異，還是與水管的垂直長度有關呢？

高、低水盆間水的轉移效率，可用水流量的大小作為指標，水流量是指單位時間內流過的水體積。本探究任務以「兩水盆間的水面高低差異」及「兩水盆間水管的垂直長度」兩種因子作為主題，探討這兩種因子在虹吸現象中對「水流量」的效應。

觀察與探究

1. 不同水面高低對水流量的效應（圖一）

（1）在桌面上放上椅子或板凳，板凳上放置一個水盆或水桶，稱為高水盆；在地面上也放置一個水盆或水桶（圖一 A），稱為低水盆。

（2）以量杯經測量後將特定體積的水盛裝於高水盆中，並於表一紀錄盛裝的總水量。

（3）找尋適當長度的水管，一端可接觸高水盆的盆底，另一端可接觸低水盆的盆底，在此水管中灌水，兩端用手指按壓住，使其不漏水。

（4）一端放入高水盆中（接觸盆底），另一端放入低水盆，兩端的手指同時放開，並開始計時。

（5）計算高水盆的水經虹吸現象而吸完所花費的時間，重複進行三次實驗，實驗數據紀錄於表一。

（6）將低水盆從地面移至桌面（圖一 B），使高低水盆的高度落差減小，重複進行（2）～（5）步驟，計算高水盆的水經虹吸現象而吸完所花費的時間，重複進行三次實驗，實驗數據紀錄於表一。

（7）將表一的數據計算出水的流量，再計算出平均流量，於圖三中畫製柱狀圖，以比較不同高度落差的水盆所引發的平均流量。

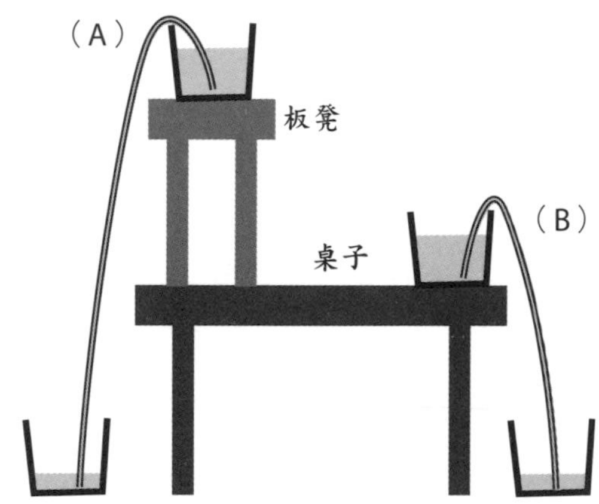

圖一　比較不同高度的水盆，其水面高低對水流量之效應的實驗裝置示意圖。

小小提醒

為了加速實驗進行與提高操作效率，可於第一次在高水盆中倒入定量的水體積後，以油性筆或膠帶在水盆壁上做記號，待下一次實驗時只需將水加到記號處，即為與前次實驗一樣的水體積。

2. 不同垂直長度的水管對水流量的效應（圖二）

（1）在桌面上放上椅子或板凳，板凳上放置一個水盆或水桶，稱為高水盆；在地面上也放置一個水盆或水桶（圖二 A），稱為低水盆。

（2）以量杯經測量後將特定體積的水盛裝於高水盆中，並於表二紀錄盛裝的總水量。

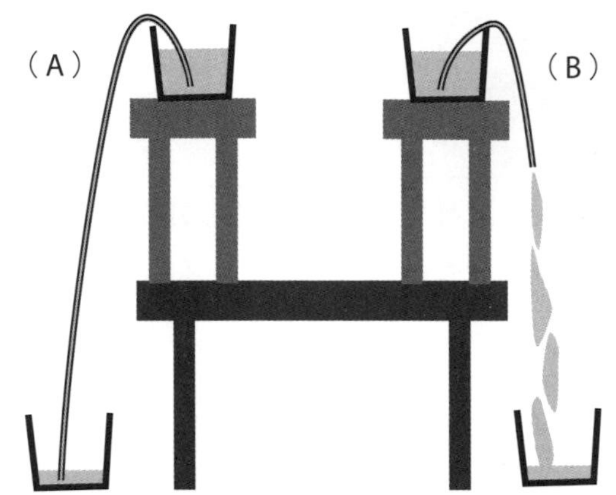

圖二　比較在同樣高低落差的水盆，不同垂直長度之水管對水流量之效應的實驗裝置示意圖。

（3）找尋適當長度的水管，一端可接觸高水盆的盆底，另一端可接觸低水盆的盆底，在此水管中灌水，兩端用手指按壓住，使其不漏水。

（4）一端放入高水盆中（接觸盆底），另一端放入低水盆，兩端的手指同時放開，並開始計時。

（5）計算高水盆的水經虹吸現象而吸完所花費的時間，重複進行三次實驗，實驗數據紀錄於表二。

（6）另以同樣粗細的水管，但長度僅有前述步驟之水管的一半至三分之一（圖二 B），同樣以虹吸現象將水吸至低水盆，水流的過程中會有一段路徑離開水管，以自由落體的方式落入低水盆，重複進行三次實驗，實驗數據紀錄於表二。

（7）將表二的數據計算出水的流量，再計算出平均流量，於圖四中畫製柱狀圖，以比較在同樣高低落差的水盆間，不同垂直長度之水管的平均流量。

科學紀錄

表一　不同高度落差的高、低水盆，高水盆的水經虹吸現象而吸完所花費的時間紀錄。

水盆間的高度落差	高度落差大			高度落差小		
實驗次數	第 1 次	第 2 次	第 3 次	第 1 次	第 2 次	第 3 次
高水盆原有水量（毫升）						
花費時間（秒）						
流量（毫升／秒）						
平均流量（毫升／秒）						

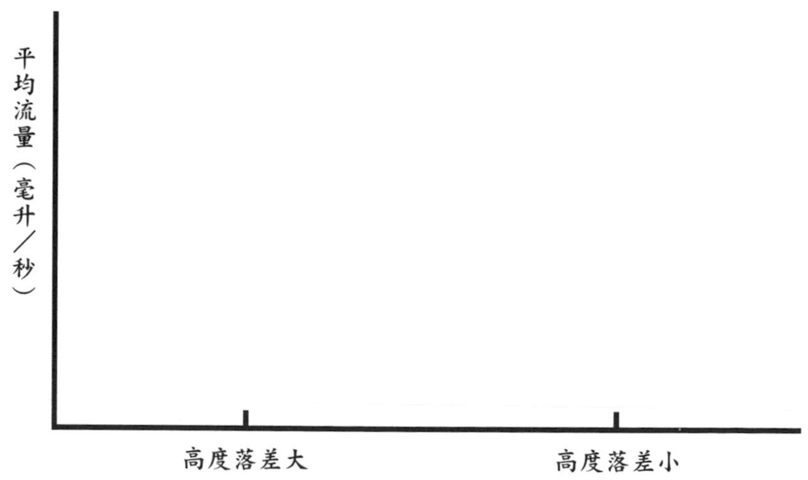

圖三　在虹吸現象中，不同高度落差的高低水盆所引發的平均流量比較。

表二　不同垂直長度之水管，高水盆的水經虹吸現象而吸完所花費的時間紀錄。

水管的垂直長度	長度較長			長度較短		
實驗次數	第 1 次	第 2 次	第 3 次	第 1 次	第 2 次	第 3 次
高水盆原有水量（毫升）						
花費時間（秒）						
流量（毫升／秒）						
平均流量（毫升／秒）						

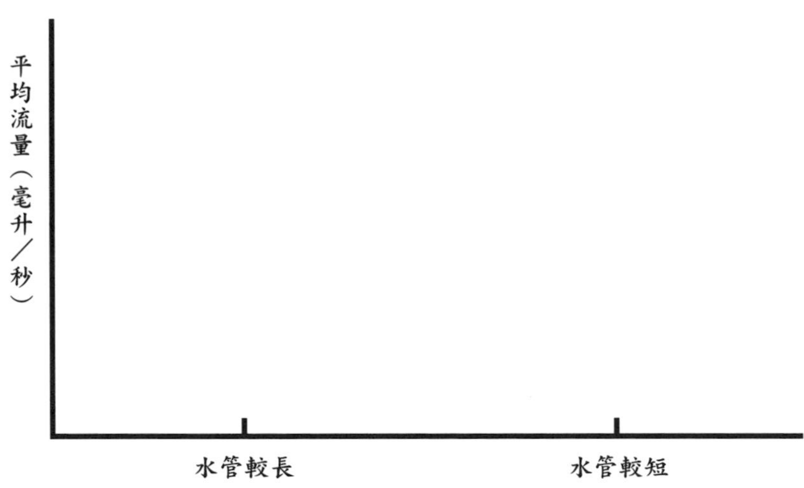

圖四　在虹吸現象中，不同垂直長度的水管所引發的平均流量比較。

問題探究

1. 依據實驗數據，在虹吸現象中，不同高度落差的水盆，何者水流量較大？
2. 依據實驗數據，在虹吸現象中，不同垂直長度的水管，何者水流量較大？
3. 如果想要在不同高度的水壩間，藉由水流推動發電機而發電，什麼情形下發電效率會較佳？

進階觀察與探究　水管的內徑與長度對水流阻力的效應

活動前準備

1. 器材與工具：兩個水盆（或水桶）、橡膠水管（兩條內徑一樣但長度不同，另兩條長度一樣但內徑不同）、水、量杯、油性筆或紙膠帶、碼表或其他可計時的工具。
2. 以 2 人或 4 人為一組。

原理簡介

虹吸現象會引發水的流動，水在水管內的流動會受到水管阻力的影響，水管阻力越大，則水流量就會越小。水在水管內流動的阻力與水管的特性有關，水管的長度或是水管的粗細程度（內徑大小）都會影響阻力的大小。水管的內徑與長度，各與阻力有何關係呢？

在「進階觀察與探究」中，探究任務就以探討「不同的水管長度」與「不同的水管內徑」等因子，對水流量的效應。

實驗過程

1. 水管長度對水流量的效應（圖五）

（1）在桌面上放置墊高物（試管架、盒子或書籍等），墊高物上放置一個水盆或水桶，稱為高水盆；在桌邊也放置一個水盆或水桶（圖五A），稱為低水盆。

（2）以量杯經測量後將特定體積的水盛裝於高水盆中，並於表三紀錄盛裝的總水量。

（3）找尋適當長度的水管，一端可接觸高水盆的盆底，另一端可延伸至桌邊；在此水管中灌水，兩端用手指按壓住，使其不漏水。

（4）一端放入高水盆中（接觸盆底），另一端延伸至桌邊（開口於低水盆上方），兩端的手指同時放開，並開始計時。

（5）計算高水盆的水經虹吸現象而吸完所花費的時間，重複進行三次實驗，實驗數據紀錄於表三。

（6）將高水盆與墊高物移至靠近桌邊處（圖五 B），另找尋較短的水管，一端可接觸高水盆的盆底，另一端可延伸至桌邊。

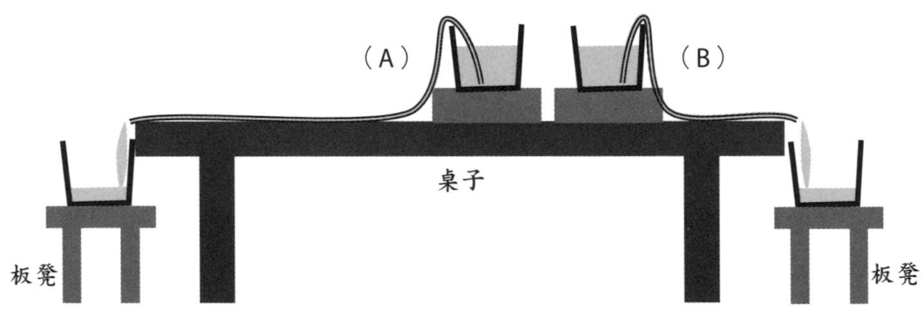

圖五　比較不同長度的水平水管，對水流量之效應的實驗裝置示意圖。

（7）重複進行（2）～（5）步驟，計算高水盆的水經虹吸現象而吸完所花費的時間，重複進行三次實驗，實驗數據紀錄於表三。

（8）將表三的數據計算出水的流量，再計算出平均流量，於圖七中畫製柱狀圖，以比較不同長度之水平水管的平均流量。

2. 水管的內徑對水流量的效應（圖六）

（1）在桌面上放置墊高物（試管架、盒子或書籍等），墊高物上放置一個水盆或水桶，稱為高水盆；在桌邊也放置一個水盆或水桶（圖六A），稱為低水盆。

（2）以量杯經測量後將特定體積的水盛裝於高水盆中，並於表四紀錄盛裝的總水量。

（3）找尋適當長度的水管，一端可接觸高水盆的盆底，另一端可延伸至桌邊；在此水管中灌水，兩端用手指按壓住，使其不漏水。

（4）一端放入高水盆中（接觸盆底），另一端延伸至桌邊（開口於低水盆上方），兩端的手指同時放開，並開始計時。

（5）計算高水盆的水經虹吸現象而吸完所花費的時間，重複進行三次實驗，實驗數據紀錄於表四。

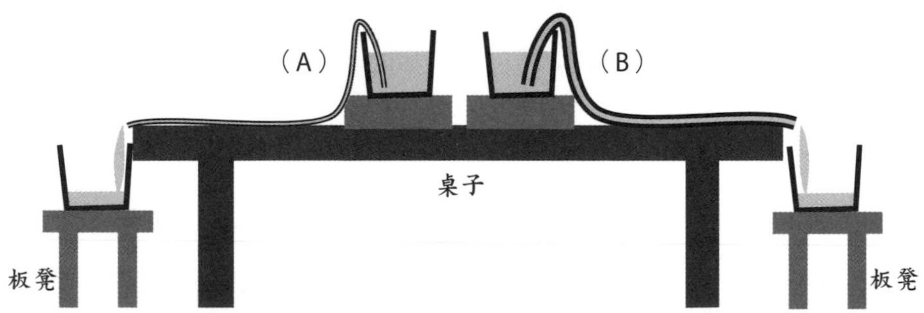

圖六　比較不同內徑的水管，對水流量之效應的實驗裝置示意圖。

（6）原裝置不變動，但改用較粗（內徑較大）的水管重複進行（2）~（5）步驟，計算高水盆的水經虹吸現象而吸完所花費的時間，重複進行三次實驗，實驗數據紀錄於表四。

（7）將表四的數據計算出水的流量，再計算出平均流量，於圖八畫製柱狀圖，以比較不同內徑之水平水管的平均流量。

科學紀錄與數據處理

1. 水管長度對水流量的效應

表三　高水盆的水經不同長度的水平水管，由虹吸現象而吸完所花費的時間紀錄。

水管的水平長度	水平長度長			水平長度短		
實驗次數	第 1 次	第 2 次	第 3 次	第 1 次	第 2 次	第 3 次
高水盆原有水量（毫升）						
花費時間（秒）						
流量（毫升／秒）						
平均流量（毫升／秒）						

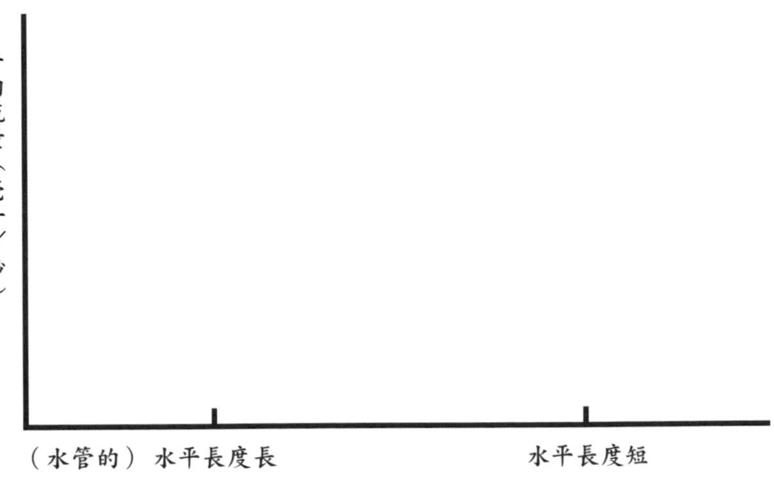

圖七　在虹吸現象中，不同長度之水平水管所引發的平均流量比較。

表四　高水盆的水經不同內徑的水管，由虹吸現象而吸完所花費的時間紀錄。

水管的內徑	內徑小			內徑大		
實驗次數	第 1 次	第 2 次	第 3 次	第 1 次	第 2 次	第 3 次
高水盆原有水量（毫升）						
花費時間（秒）						
流量（毫升／秒）						
平均流量（毫升／秒）						

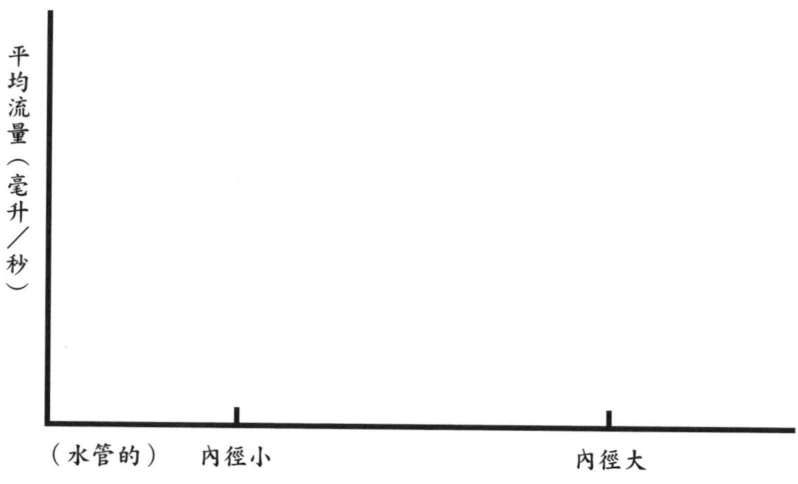

圖八　在虹吸現象中，不同內徑之水管所引發的平均流量比較。

問題探究

1. 依據實驗數據，在同樣的虹吸現象條件下，不同長度的水平水管，何者的水流量較大？
2. 水管長度的比例，正好與水流量呈反比嗎？例如：長度為 2 倍的水管，水流量正好為 1 ／ 2 倍嗎？
3. 依據實驗數據，在同樣的虹吸現象條件下，不同內徑大小的水管，何者的水流量較大？
4. 水管內徑的比例，正好與水流量呈正比嗎？例如：內徑為 2 倍的水管，水流量正好為 2 倍嗎？
5. 如果希望降低水管的水流阻力，要選擇哪種型態的水管較佳？

科學家訓練班（開放性的探究活動）

水在水管中的流動過程，除了由高低落差所產生的動力外，水管的長短與粗細可透過影響水流阻力，進而影響水流量。除了上述的因子外，流體本身的性質亦會影響在管中流動的阻力，例如：黏滯度越大的流體，其流動時的阻力越大。

請設計實驗，證明不同黏滯度的流體，可在水管內流動時可產生不同的阻力？（提示：在水中加入甘油或是膠水可以增加水的黏滯度，或是沙拉油的黏滯度大於清水）

任務回顧與省思

1. 在實驗操作與設計實驗的過程中，哪一步驟的挑戰最大？為什麼？
2. 還可以如何改良或設計實驗，使本次的探究任務能更圓滿的完成？
3. 除了本次的探究任務提供的因子，還可能有哪些因子也會影響虹吸現象的水流量？

科學原理剖析

若一不可壓縮的流體（體積不會改變），在管徑不會太大的的管道中流動，其管子長度越長，則流動的阻力越大，且管子長度變成 2 倍，阻力就增加 2 倍。若是管徑縮小亦會增加阻力，且當管徑變成一半（二分之一），阻力增加至 2 的 4 次方倍，也就是 16 倍。因此在水管平放的情形下，越長的水管水流阻力越大，越細的水管流阻力也越大。

依據帕穗定律（Poiseuille's law），水流阻力（R）可用以下方程式表示：

$$R = \frac{8\mu L}{\pi r^4}$$（L：水管長度；γ：管子半徑；μ：黏滯係數）

但若是水管是直立的狀態，除了考量水流阻力之外，還需考量能量的轉變。若假設一流體在流動的過程中沒有能量散失，依據能量守恆原理，其各種形式的能量總和應維持定值。流體所含之能量的形式最常見的為壓力、重力位能與動能，在不考慮其他形式的能量時，可將流體在管道中不同位置的能量相等關係，用以下方程式表示：

$$P_1 + \frac{1}{2}\rho \upsilon_1^2 + \rho_1 g h_1 = P_2 + \frac{1}{2}\rho \upsilon_2^2 + 2gh_2 = P_3 + \frac{1}{2}\rho \upsilon_3^2 + \rho_3 g h_3$$

（P：壓力；$\frac{1}{2}\rho\upsilon^2$ ：動能；ρ gh：重力位能；ρ：密度；υ：流速；g：重力加速度；h：高度）

以圖九為例，編號 1、2、3 的三個位置，其各種形式的能量總和應為一致，位置 1 因位置較高，其重力位能較大，故其壓力就會較小，位置 3 的動能較大（因為流速較大），故其壓力就會較低。

最後我們來比較不同長度之直立水管的情形（圖十），較長的直立水管，管內連續水柱的高處水流具有較高的重力位能，當其流至低處時可轉換成較多的動能，造成水流速較快；而較短的直立水管，管內連續水柱的高處水流具有較少的重力位能，當其流至低處時可轉換成較少的動能，造成水流速較慢。若此兩水管的管徑一致，具有相同的截面積，則流速較快的水管就會有較高的流量了。

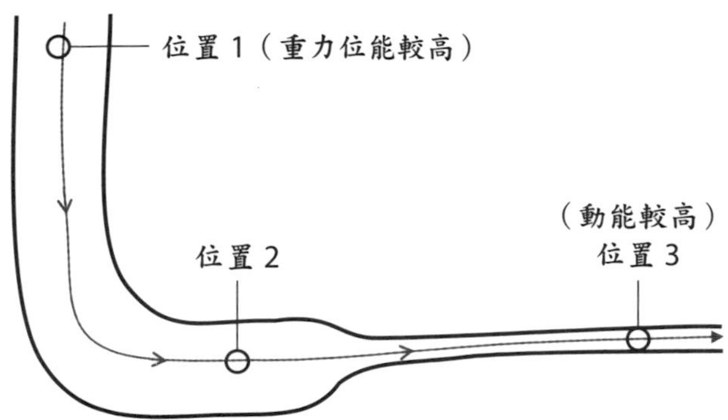

圖九　一管道內不同位置的水流，其各種形式的能量總和應為一致。

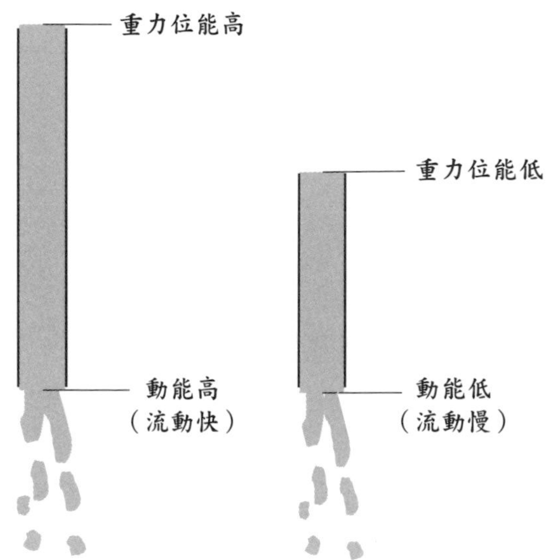

圖十　在長度不同的直立水管中，水流的能量比較。

17 探究任務 照得住

研究調查主題

太陽方位與葉片受光量的關係

任務提示

觀察生活周遭的植物，常常發現植物葉片在植株上的分布，與其葉面的方向，並不是隨意分布的，常常是以朝向某個方向為主。最可能的原因，是因為陽光照射的方位與角度，可刺激植物的葉片朝向光源生長，這個現象稱為向光性。除了以觀察的方式得知植物葉片所朝向的方向，有沒有量化方法可以測量呢？有哪些環境因子會影響植物葉片的方向呢？

初階觀察與探究　如何測量植物葉片的主要面向？

活動前準備

1. 器材與工具：照相機或可拍照的手機、電子秤、電腦、印表機、B4 影印紙、已知直徑的球（如保麗龍球、乒乓球、小皮球等）、剪刀、仰角器（由附件一印出後製作）。
2. 以 2 人或 4 人為一組。

原理簡介

當照相機以不同角度拍攝葉片（圖一），所拍攝之照片中的葉片面積皆不一樣，其中照片裡葉子面積最大的拍攝角度，就是葉片主要的面向。利用同樣的原理，若拍攝的角度是依據東南西北劃分，即可得知植株的葉片主要是朝向哪個方位（圖二 A）；若能以不同的仰角（圖二 B）拍攝植株的照片，進而計算各角度所拍攝之照片中的葉片面積，即可得知植株的葉片主要是朝向哪個仰角。

本探究活動利用照相機在不同方位與不同仰角拍攝植株後，分析各照片的葉子面積，以探討葉片主要的面向。

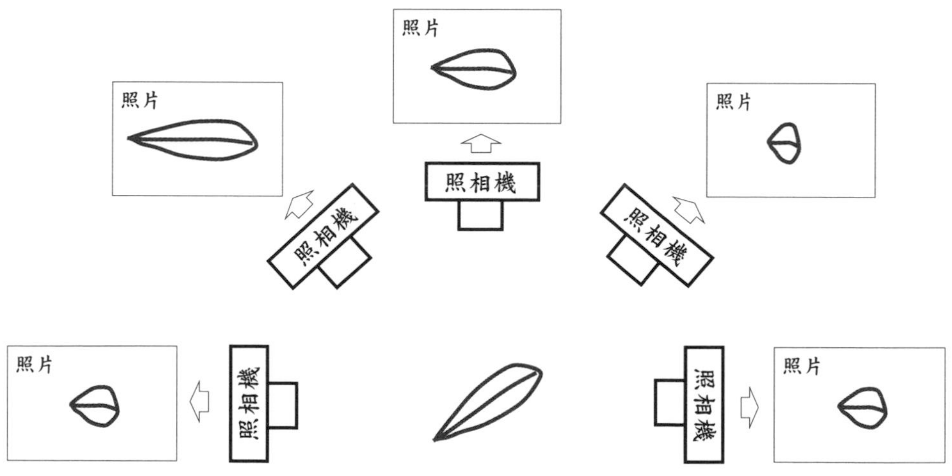

圖一　照相機以不同角度拍攝同一葉片，
各照片中的葉片面積會不一樣。

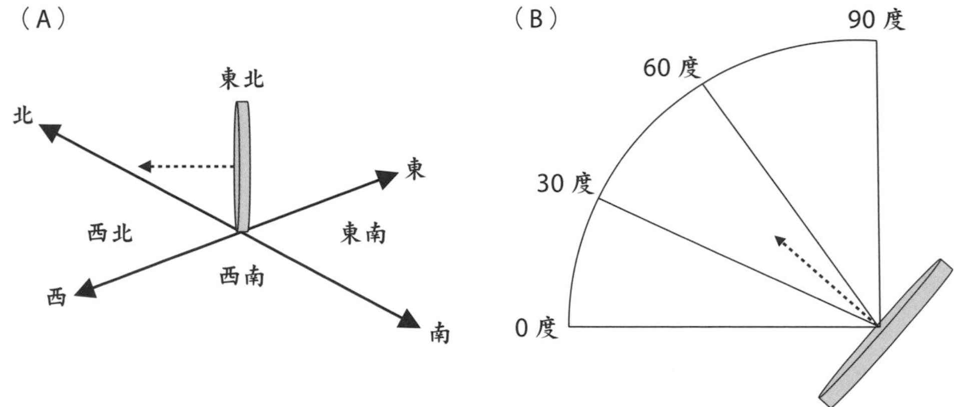

圖二　方位與仰角的意義示意圖。
（A）方位是以東南西北劃分。（B）仰角是與水平面的夾角。

觀察與探究

1. 測量植物葉片之主要面向的方法

（1）列印仰角器原型（附件一），經裁剪、黏貼製作成仰角器（圖三），拍攝照片時使用仰角器來校正仰角，可讓拍攝者確定拍攝角度（仰角）如圖四。

（2）尋找適當大小的球型物（直徑 5 公分左右），作為比例尺（以下稱比例尺球）。

（3）於住家附近或是校園內尋找受日光自然照射，且遠離遮蔽物的矮小植株。其葉片最好少於 15 片，地上部分體型範圍最好小於 30×30×30 公分。

（4）利用仰角器與相機（或手機），於地面南北軸上，朝北方與朝南方仰角各 30、50、70、90 度之角度，拍攝該植株之照片（照片中需含有比例尺球），另於地面東西軸上，朝東方與朝西方仰角各 30、50、

70、90 度之角度，拍攝該植株之照片（照片中需含有比例尺球，如圖五），共 13 張完整可用的照片（分別為仰角 90 度、北 30 度、北 50 度、北 70 度、南 70 度、南 50 度、南 30 度、東 30 度、東 50 度、東 70 度、西 70 度、西 50 度、西 30 度）。

（5）拍攝植株照片時，可以白紙作為背景進行，在分析照片時較為方便。

（6）以繪圖軟體將照片做適當編輯，包含：去除無用的邊緣（但需保留所有葉片與比例尺球），若葉片與背景色澤相近，可以繪圖軟體描繪出葉片的邊緣。

（7）將照片以 B4 大小的紙張印出，剪下照片中所有葉片所占區域，與比例尺球所占區域。

（8）將葉片區域的紙片與比例尺球的紙片分別以電子秤測量質量，紀錄於表一。

（9）換算出照片中葉片的面積，並於圖六繪製成柱狀圖。

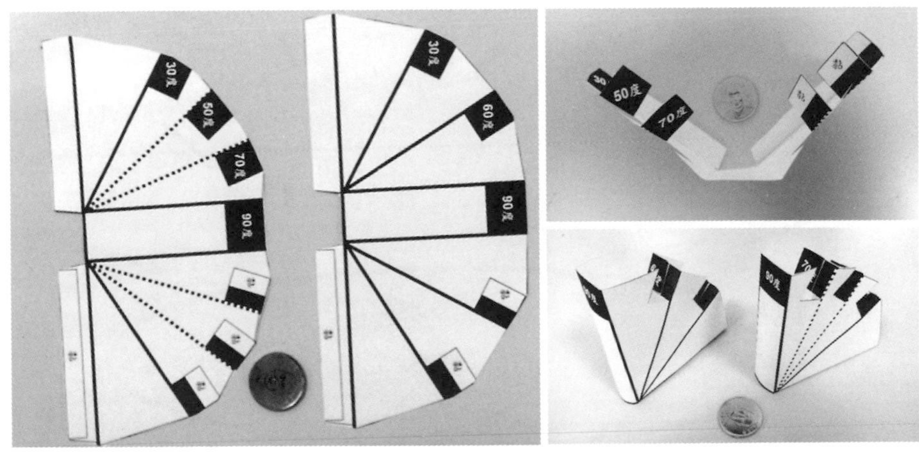

圖三　仰角器的製作過程。列印裁剪仰角器原型後，於適當位置貼上雙面膠，利用雙面膠黏接組裝成可站立的立體仰角器。

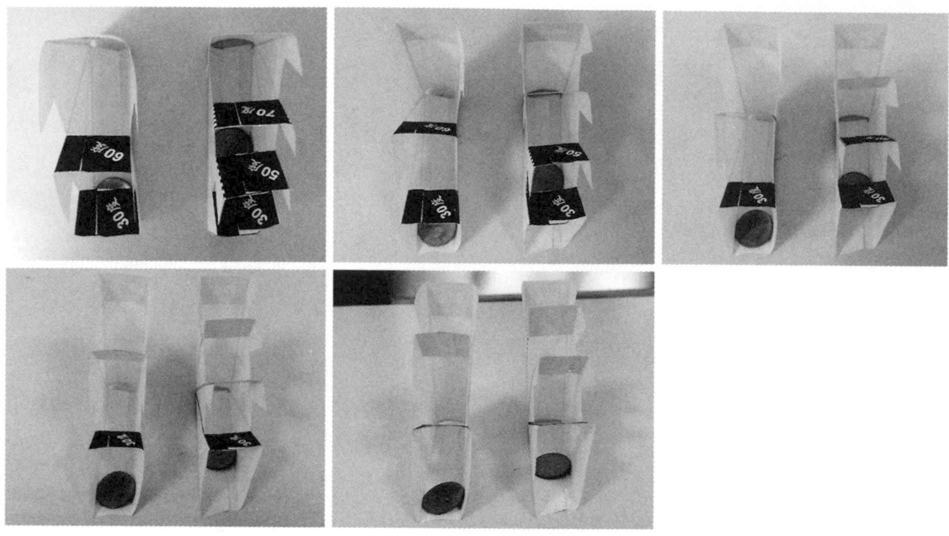

圖四　使用仰角器來校正仰角，可讓拍攝者確定拍攝角度（仰角）。照片中依序為仰角 90、70、60、50、30 度。

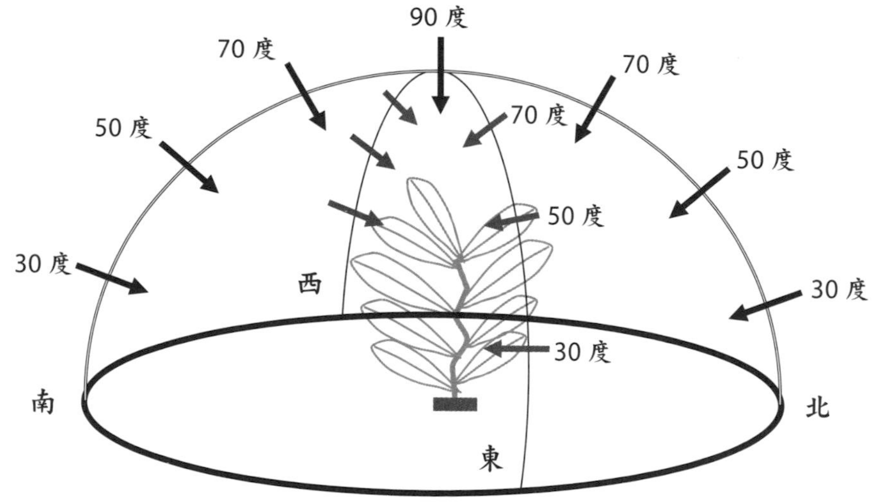

圖五　照相機以北、南、東、西各方位以不同仰角（30、50、70 度）之角度拍攝植株之示意圖。

科學紀錄

表一　北、南、東、西各方位以不同仰角之角度，植株葉片受光面積的紀錄。
比例尺球的投射面積 = πr^2 = ＿＿＿＿＿（A）平方公分

拍攝仰角	葉片區域重量（公克）	比例尺球紙片重量（公克）	葉片區域面積（平方公分）
北 30 度			
北 50 度			
北 70 度			
仰角 90 度			
南 70 度			
南 50 度			
南 30 度			
公式	B	C	$\frac{B}{C}\times A$

拍攝仰角	葉片區域重量（公克）	比例尺球紙片重量（公克）	葉片區域面積（平方公分）
東 30 度			
東 50 度			
東 70 度			
仰角 90 度			
西 70 度			
西 50 度			
西 30 度			
公式	B	C	$\frac{B}{C}\times A$

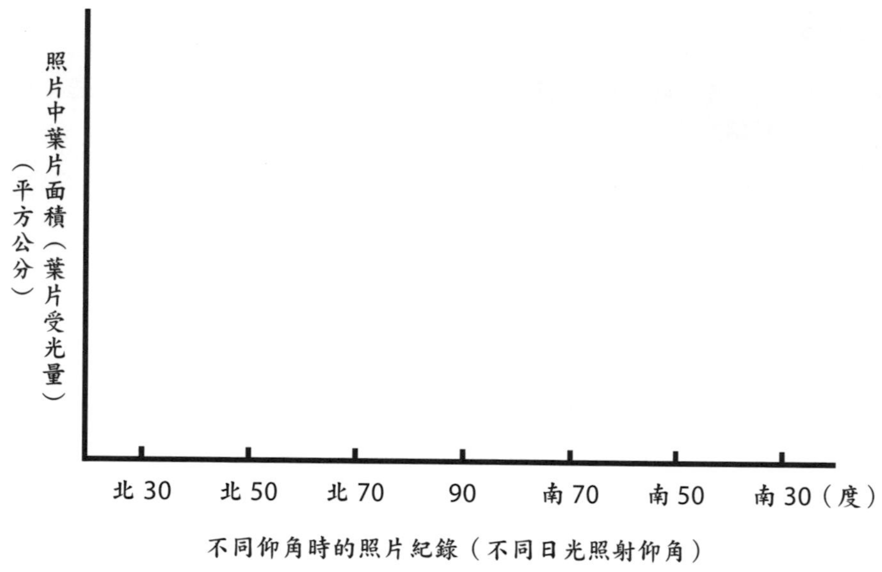

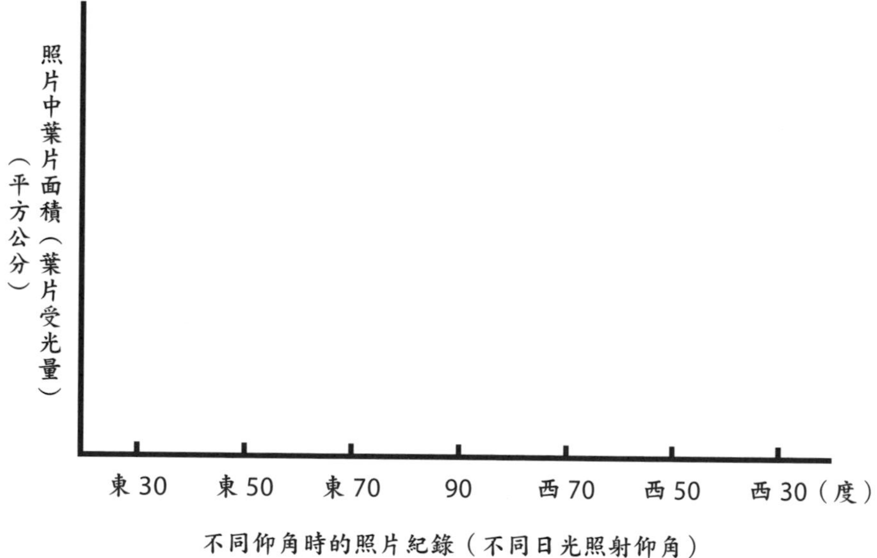

圖六　北、南、東、西各方位以不同仰角之角度，
所測量之植株葉片受光面積（柱狀圖）。

問題探究

1. 依據觀察，在同一地區中各植株的葉片通常會朝向同一方位與仰角嗎？
2. 依據實驗數據，你所研究的植株個體，其葉面主要朝向哪個方位與仰角？
3. 若是植株旁有可遮蔽陽光的障礙物，你覺得對於植物葉面的主要朝向有何影響？
4. 本實驗所紀錄觀察的現象，幼葉與老葉的主要朝向方位與仰角一致嗎？

進階觀察與探究　植株葉片的主要面向會隨著太陽的東昇西落而改變嗎？

活動前準備

1. 器材與工具：照相機或手機、電子秤、電腦、印表機、B4 影印紙、已知直徑的球（如保麗龍球、乒乓球、小皮球等）、剪刀、仰角器（由附件一印出後製作）。
2. 以 2 人或 4 人為一組。

原理簡介

植物的器官於白天追隨太陽東起西落的運動稱為追日行為（solar tracking），最有名的例子是向日葵（common sunflower, *Helianthus annuus*），向日葵的花與葉片都表現出追日行為，事實上許多植物的葉片皆有追隨太陽東起西落的現象。

若能應用葉片投射面積的量化技術，就可以探討葉片所朝向的方位與仰角是否表現出追日行為。在「進階觀察與探究」中，探究任務就以探討上午與下午的不同時間下，「日照方位」對葉片主要朝向方位的效應。

實驗過程

1. 分別於上午與下午測量同一植株之葉片的主要朝向方位

（1）列印仰角器原型，經裁剪、黏貼製作成仰角器，拍攝照片時使用仰角器來校正，可讓拍攝者確定拍攝角度（仰角）。

（2）尋找適當大小的球型物（直徑 5 公分左右），作為比例尺（以下稱比例尺球）。

（3）於校園內尋找受日光自然照射，且遠離遮蔽物的矮小植株。其葉片最好少於 15 片，地上部分體型範圍最好小於 30×30×30 公分。

（4）利用仰角器與相機（或手機），於地面南北軸上，朝北方與朝南方仰角各 30、50、70、90 度之角度，拍攝該植株之照片（照片中需含有比例尺球），另於地面東西軸上，朝東方與朝西方仰角各 30、50、70、90 度之角度，拍攝該植株之照片（照片中需含有比例尺球），共 13 張完整可用的照片（分別為仰角 90 度、北 30 度、北 50 度、北 70 度、南 70 度、南 50 度、南 30 度、東 30 度、東 50 度、東 70 度、西 70 度、西 50 度、西 30 度）。

（5）於上午與下午各挑選適當的時段（例如上午 9 點與下午 3 點），對同一植株進行上述的拍攝工作。

（6）以繪圖軟體將照片做適當編輯，包含：去除無用的邊緣（但需保留所有葉片與比例尺球），若葉片與背景色澤相近，可以繪圖軟體描繪出葉片的邊緣。

（7）將照片以 B4 大小的紙張印出，剪下照片中所有葉片所占區域，與比例尺球區域。

（8）將葉片區域的紙片與比例尺球的紙片分別以電子秤測量質量，上午的資料紀錄於表二，下午的資料紀錄於表三。

（9）換算出照片中葉片的面積，並於圖七繪製成柱狀圖。

科學紀錄與數據處理

表二　上午拍攝之照片中，於不同方位與仰角拍攝之照片中，植株葉片的面積。

拍攝時間：

比例尺球的投射面積 = πr^2 = ＿＿＿＿＿（A）平方公分

拍攝仰角	葉片區域重量（公克）	比例尺球紙片重量（公克）	葉片區域面積（平方公分）
北 30 度			
北 50 度			
北 70 度			
仰角 90 度			
南 70 度			
南 50 度			
南 30 度			
公式	B	C	$\frac{B}{C} \times A$

比例尺球的投射面積 = πr^2 = ＿＿＿＿＿（A）平方公分

拍攝仰角	葉片區域重量（公克）	比例尺球紙片重量（公克）	葉片區域面積（平方公分）
東 30 度			
東 50 度			
東 70 度			
仰角 90 度			
西 70 度			
西 50 度			
西 30 度			
公式	B	C	$\frac{B}{C} \times A$

表三　下午拍攝之照片中，於不同方位與仰角拍攝之照片中，植株葉片的面積。

拍攝時間：

比例尺球的投射面積 = πr^2 = ＿＿＿＿＿（A）平方公分

拍攝仰角	葉片區域重量（公克）	比例尺球紙片重量（公克）	葉片區域面積（平方公分）
北 30 度			
北 50 度			
北 70 度			
仰角 90 度			
南 70 度			
南 50 度			
南 30 度			
公式	B	C	$\frac{B}{C} \times A$

比例尺球的投射面積 = πr^2 = ＿＿＿＿＿（A）平方公分

拍攝仰角	葉片區域重量（公克）	比例尺球紙片重量（公克）	葉片區域面積（平方公分）
東 30 度			
東 50 度			
東 70 度			
仰角 90 度			
西 70 度			
西 50 度			
西 30 度			
公式	B	C	$\frac{B}{C} \times A$

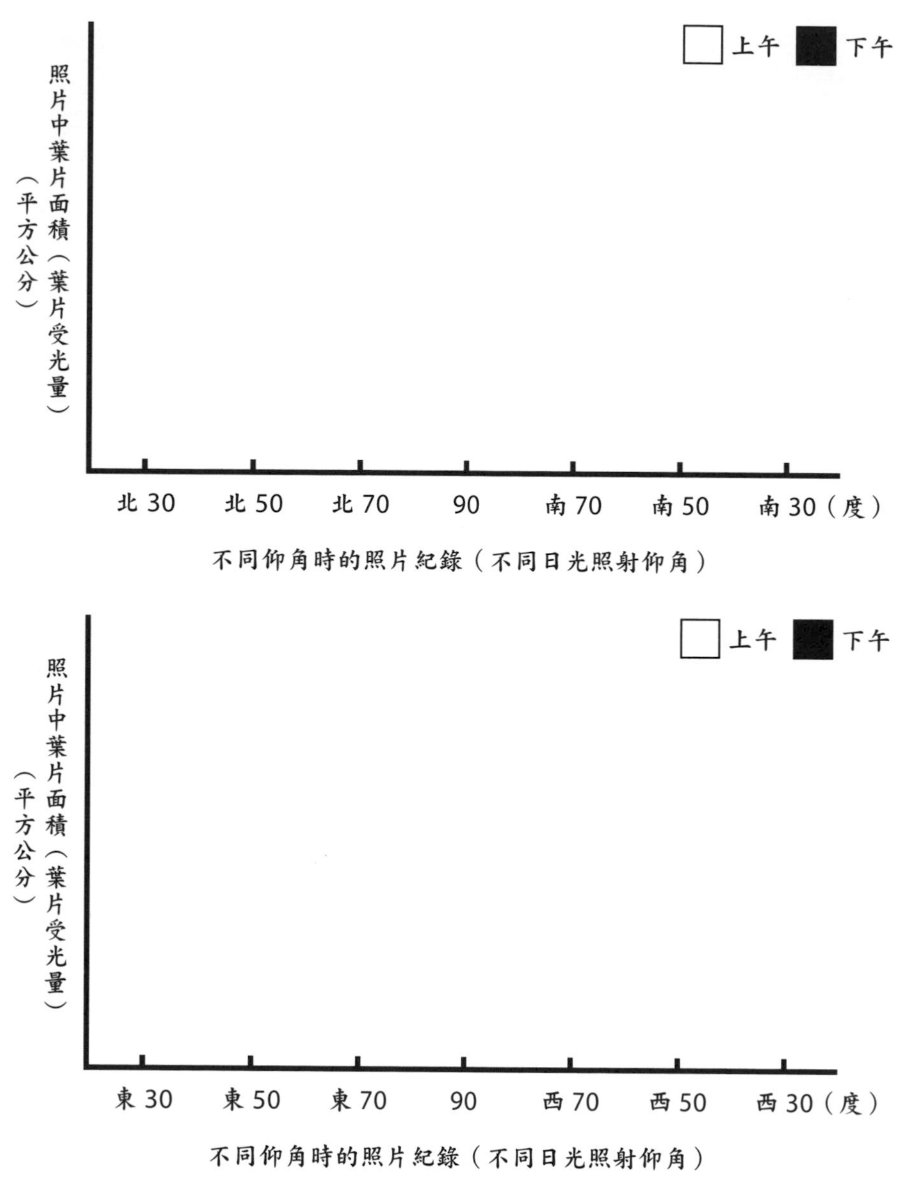

圖七　植株於上午（以白色柱狀圖表示）與下午（以黑色柱狀圖表示），於不同方位與仰角拍攝之照片中，植株葉片的面積（柱狀圖）。

問題探究

1. 依據實驗結果，你所觀察的植株，其葉片主要朝向的方位與仰角，在上午與下午是否一樣？
2. 此實驗所紀錄觀察的現象，在不同季節會有不同的結果嗎？為什麼？
3. 若是植株旁有可遮蔽陽光的障礙物，對結果可能有哪些影響？

科學家訓練班（開放性的探究活動）

太陽在天空中的運行路徑，會受緯度與季節的影響，例如若在北回歸線以北的區域，太陽在正中午時會天空中偏南方的方位，且在冬季時比夏季時更偏向南方。太陽在天空中的運行路徑，會直接決定植物行光合作用所需的光源的方向，就會影響植物葉片朝向的方位與仰角。

請設計實驗，驗證在不同緯度的區域，或是不同季節時，對植物葉片主要朝向的方位與仰角有何影響？

任務回顧與省思

1. 在實驗操作與設計實驗的過程中，哪一步驟的挑戰最大？為什麼？
2. 還可以如何改良或設計實驗，使本次的探究任務能更圓滿的完成？
3. 除了本次的探究任務提供的因子，還可能有哪些因子也會影響葉子主要朝向的方位與仰角呢？

科學原理剖析

生態系中的生產者可將由環境中所獲得的能量，轉變為化學能（有機化合物），使得能量進入生命的世界，生產者在一定時間內所轉變獲得的化學能，稱為初級生產力（primary productivity），初級生產力是一個研究能量流轉的重要指標。

生產者可由環境中獲得的能量絕大部分為光能。太陽的光線照射於地球時，其光線入射的角度，可決定地表吸收的光能量大小。例如：在北半球的冬季時（圖八），太陽光線直射南半球，此時北半球因太陽光線與地面夾角小，所接受的能量少，使氣候較寒冷；在北半球的夏季時，太陽光線直射北半球，此時北半球因太陽光線與地面夾角大，所接受的能量較多，使氣候較為溫暖。另一方面，太陽光線照射角度也影響植株接受光線能量的多寡。換句話說，在不同的季節時，太陽光線的角度變化，也會影響生態系的初級生產力。

太陽光線的照射角度為何會影響植株接受光線能量的多寡呢？在總光線能量一樣的條件下，若受光物的受光面積越小，所接收的光能越小；而受光面積與「受光物與光線間的角度」有關。以圖九為例，若光線垂直照射一葉片（受光物與光線間的角度為 90 度），受光面積大於光線斜射一葉片（受光

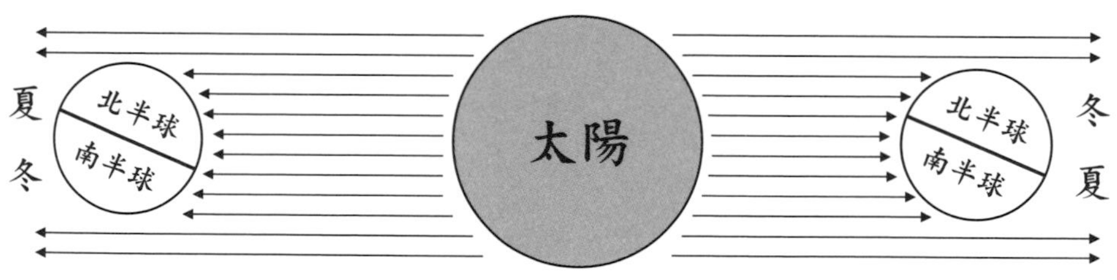

圖八　太陽光線的照射角度決定了地球北半球與南半球的季節。

物與光線間的角度 < 90 度），所接受的光能亦較多。

利用「受光面積決定受光能量」的原理，當照相機以特定角度拍攝葉片（圖十），所拍攝之照片中的葉片面積，相當於光線以同樣角度照射葉片時的受光面積，即可由照片中葉片的面積大小，作為受光能量的指標。換句話說，照相機以不同角度拍攝葉片，在各照片中所測量而得的各面積數據，可代表不同角度的光線照射時，葉片的受光能量。

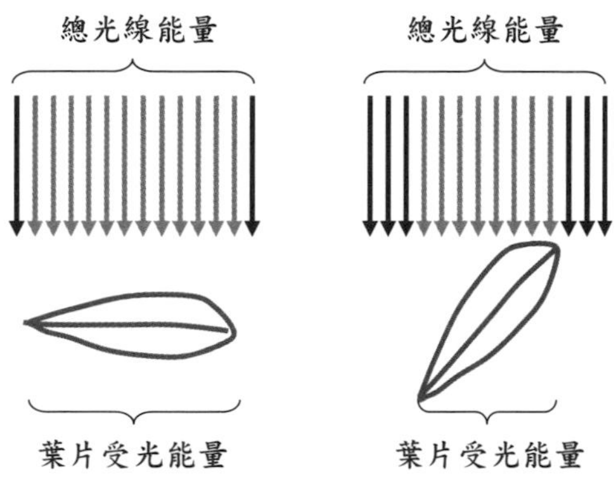

圖九　不同太陽光線照射角度對葉片受光能量的影響。
圖中灰色箭頭代表葉片的受光能量。

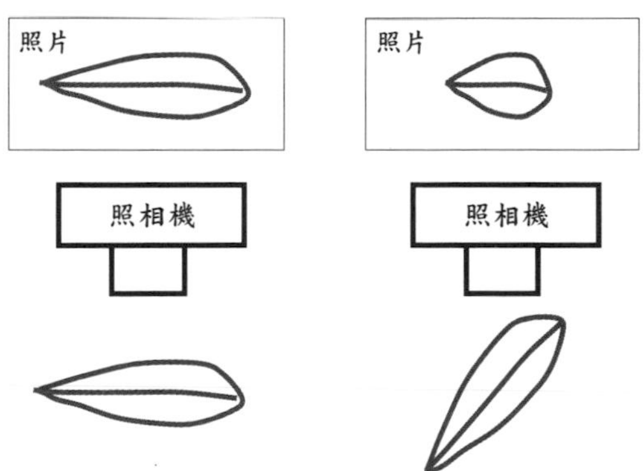

圖十　照相機以不同角度拍攝葉片，照片中的葉片面積，
可作為葉片的受光能量的指標。

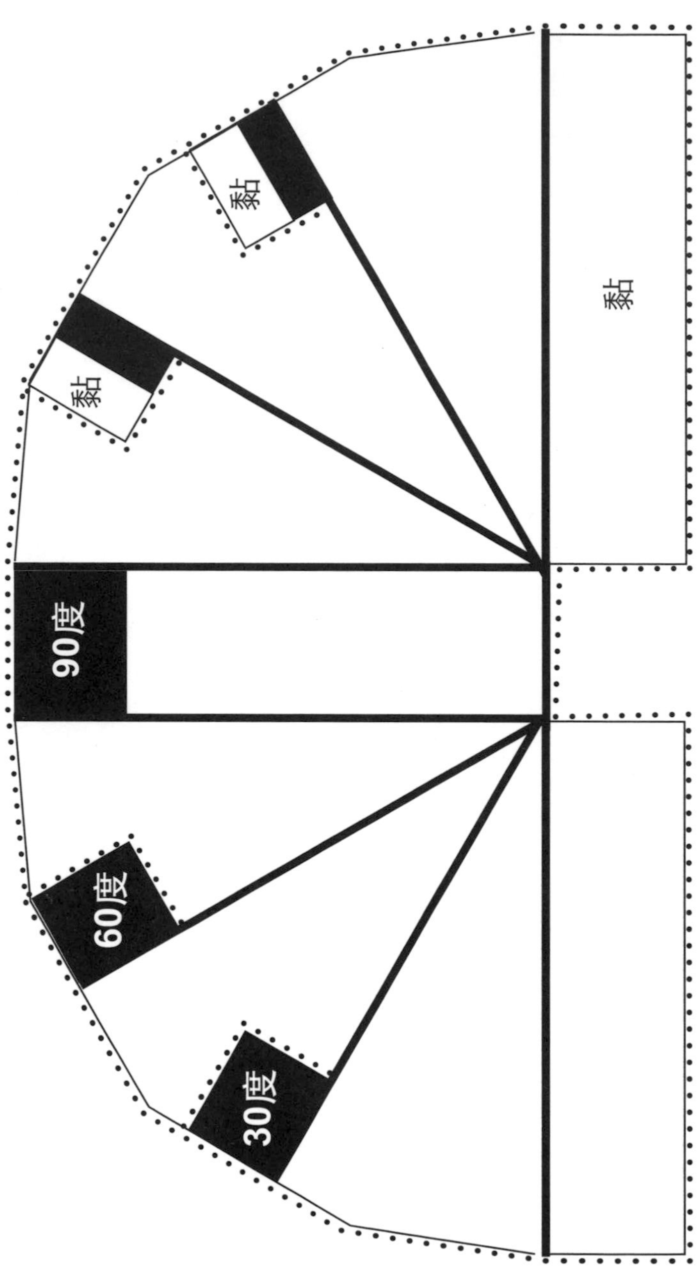

附件一　列印後裁剪製作成仰角器，可應用於拍攝照片時確定拍攝仰角（虛線代表以剪刀剪開的邊緣）。

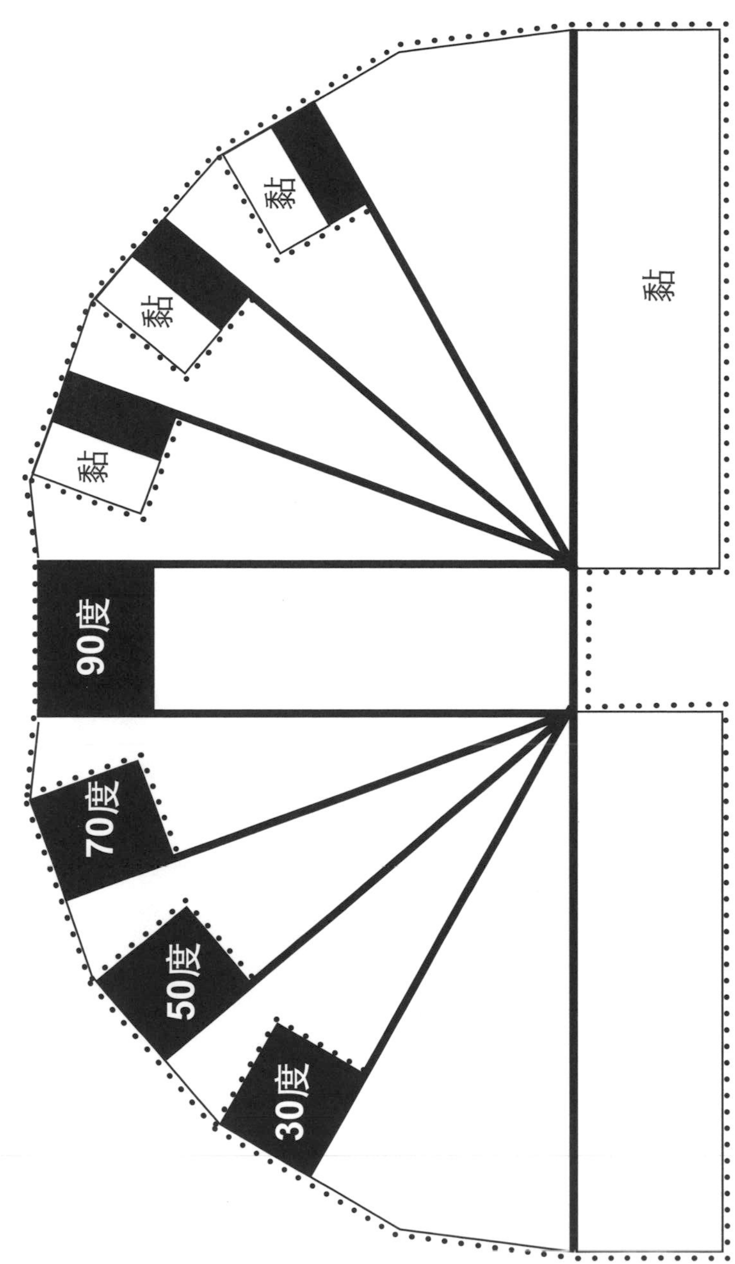
黏
黏
黏
黏
90度
70度
50度
30度

18 探究任務 氧碳調

研究調查主題

測量動物與植物組織的耗氧與產二氧化碳速率

任務提示

生物的細胞為了產生能量，常需要吸收氧進行呼吸作用，再產生二氧化碳排出，這個過程可使細胞分解有機養分而獲得能量。若生物正在休眠，其呼吸作用的反應速率就會降低，甚至低到無法偵測。我們要如何得知細胞是否正在休眠？有什麼方法可以測量呼吸作用程度的高低呢？

初階觀察與探究　測量生物樣本的耗氧速率

活動前準備

1. 器材與工具：塑膠針筒（灌食管）、橡皮管（約 5 至 10 公分）、微量吸量管（最小刻度為 0.01 毫升）、電子秤、氫氧化鈉（顆粒狀）、紗布、綠豆（約 30 顆）、馬鈴薯塊莖（切成約 2×2×2 公分大小）3 塊、豬肉（切成約 2×2×2 公分大小）3 塊、紅墨水。
2. 以 2 人或 4 人為一組。

小小提醒

本探究活動所使用的塑膠針筒，在購買時可尋找餵食針筒、餵食器或 灌食針等商品名。在購買橡皮管時可尋找止血帶的商品名。本探究活動所使用的微量吸量管，在購買時可尋找玻璃量管、刻度量管、吸量管、玻璃滴管等商品名。

原理簡介

若能測量細胞消耗氧的速率，就能知道細胞進行呼吸作用的效率了，「耗氧速率」是研究細胞生化代謝情形常用的指標。當細胞耗掉氧時，會同時產生二氧化碳，所以無法直接測量氣體的消耗體積來代表耗氧量，因此需要利用二氧化碳氣體吸收劑將細胞產生的二氧化碳吸收，如此細胞周圍的氣體減少速率就是耗氧速率了。

固體的強鹼物質會吸收空氣中水分，會先在表面形成很薄的一層水膜，隨著水越來越多，就會形成更多強鹼的溶液，這個過程稱為潮解。空氣中的二氧化碳會溶於強鹼溶液後，再與水作用形成碳酸，而碳酸會與強鹼物質進行酸鹼中和而消耗掉（圖一），如此會引發更多的二氧化碳溶於水，持續進行酸鹼中和。強鹼固體（如：氫氧化鈉顆粒）就是一種強力的二氧化碳氣體吸收劑。因此可利用氫氧化鈉顆粒作為二氧化碳氣體吸收劑，進而測量細胞的耗氧速率。

$$CO_2\text{（溶於水）} + H_2O \rightarrow H_2CO_3\text{（溶於水）}$$

$$H_2CO_3\text{（溶於水）} + NaOH\text{（溶於水）} \rightarrow NaHCO_3\text{（溶於水）} + H_2O$$

圖一　二氧化碳（CO_2）氣體與水作用產生碳酸（H_2CO_3），碳酸再與氫氧化鈉（NaOH）進行酸鹼中和而消耗的化學反應式。

觀察與探究

1. 測量綠豆的耗氧速率

（1）以橡皮管連接針筒與微量吸量管，將針筒的推桿取出（圖二 A）。

（2）取 10 顆綠豆，秤重後放入針筒內，綠豆的質量紀錄於表一。

（3）取 2 至 3 塊氫氧化鈉顆粒，放置於約 5×5×5 公分大小的雙層紗布上，對氫氧化鈉輕輕吐一口氣後，將雙層紗布包起來（可用膠帶或橡皮筋固定），此團物體稱為「氫氧化鈉包裹球」。

（4）將氫氧化鈉包裹球放入針筒，將推桿放入（圖二 C）後，輕捏橡皮管同時將微量吸量管的開口浸入紅墨水，慢慢放開橡皮管使紅墨水吸入微量吸量管中。

（5）將實驗器材（針筒、橡皮管與微量吸量管）平放於桌面靜置，觀察紅墨水一端在微量吸量管中的位置刻度（單位為毫升），紀錄於表一。

（6）計時 5 分鐘後，觀察紅墨水一端在微量吸量管中的位置刻度（單位為毫升），紀錄於表一。另取 10 顆綠豆進行同樣的操作步驟，共進行三次，共測量 30 顆綠豆。

（7）計算每次實驗所測得的綠豆耗氧速率，單位為 $\frac{\text{毫升}}{\text{公克·分鐘}}$，並計算平均值。

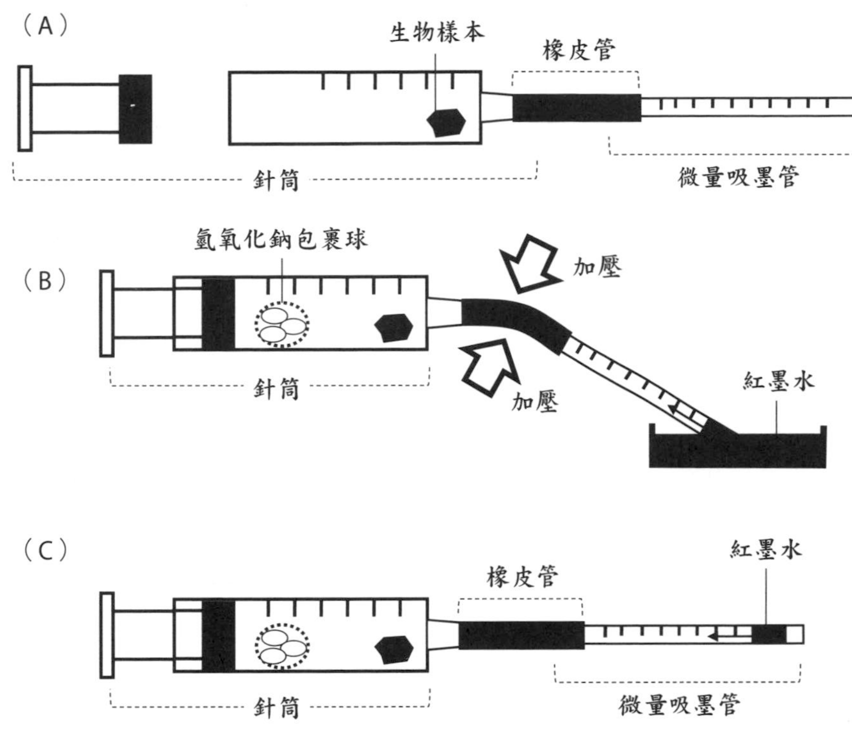

圖二　測量生物樣本之耗氧速率的裝置操作過程示意圖。

2. 測量馬鈴薯塊莖的耗氧速率

（1）將馬鈴薯塊莖切成約 2×2×2 公分左右的大小。

（2）如同前述的操作步驟，測量馬鈴薯塊莖的質量、一開始的紅墨水位置刻度、5 分鐘後紅墨水位置刻度，紀錄於表二。

（3）計算每次實驗所測得的馬鈴薯塊莖耗氧速率，單位為 $\frac{\text{毫升}}{\text{公克}\cdot\text{分鐘}}$，並計算平均值。

3. 測量豬肉的耗氧速率

(1) 將豬肉切成約 2×2×2 公分左右的大小。

(2) 如同前述的操作步驟，測量豬肉的質量、一開始的紅墨水位置刻度、5 分鐘後紅墨水位置刻度，紀錄於表三。

(3) 計算每次實驗所測得的豬肉耗氧速率，單位為 $\frac{\text{毫升}}{\text{公克}\cdot\text{分鐘}}$，並計算平均值。

科學紀錄

表一　綠豆耗氧速率的測量紀錄。

實驗編號	1	2	3	代號與算式
生物樣本質量（公克）				A
一開始的刻度（毫升）				B
5 分鐘後的刻度（毫升）				C
耗氧速率（毫升／公克・分鐘）				$\frac{C-B}{5\times A}$
平均耗氧速率（毫升／公克・分鐘）				

表二　馬鈴薯塊莖耗氧速率的測量紀錄。

實驗編號	1	2	3	代號與算式
生物樣本質量 （公克）				A
一開始的刻度 （毫升）				B
5 分鐘後的刻度 （毫升）				C
耗氧速率 （毫升／公克．分鐘）				$\frac{C-B}{5\times A}$
平均耗氧速率 （毫升／公克．分鐘）				

表三　豬肉耗氧速率的測量紀錄。

實驗編號	1	2	3	代號與算式
生物樣本質量 （公克）				A
一開始的刻度 （毫升）				B
5 分鐘後的刻度 （毫升）				C
耗氧速率 （毫升／公克．分鐘）				$\frac{C-B}{5\times A}$
平均耗氧速率 （毫升／公克．分鐘）				

問題探究

1. 綠豆是休眠的種子，它的耗氧速率是否低到無法偵測？
2. 依據實驗結果，馬鈴薯塊莖是否為一個休眠的植物器官？
3. 我們所買到的豬肉，其細胞已經死亡了嗎？實驗結果可以證明豬肉細胞已經死亡或還未死亡嗎？還需要考慮哪些因子呢？

進階觀察與探究　測量生物樣本的產二氧化碳速率

活動前準備

1. 器材與工具：塑膠針筒（灌食管）、橡皮管（約 5 至 10 公分）、微量吸量管（最小刻度為 0.01 毫升）、電子秤、氫氧化鈉（顆粒狀）、紗布、綠豆（約 30 顆）、馬鈴薯塊莖（切成約 2×2×2 公分大小）3 塊、豬肉（切成約 2×2×2 公分大小）3 塊、紅墨水。
2. 以 2 人或 4 人為一組。

原理簡介

之前我們利用氫氧化鈉作為二氧化碳氣體吸收劑，應用於測量生物樣本的耗氧速率，那細胞呼吸作用時所產生的二氧化碳，又要如何測量呢？若在密閉空間中，以二氧化碳氣體吸收劑吸收二氧化碳後，所測量到的氣體體積減少是因氧被耗掉所致；若此密閉空間中沒有放置二氧化碳氣體吸收劑，則氣體體積的減少，是因氧被耗掉與產生二氧化碳兩個因子所致，例如：若生物樣本在密閉空間中，氣體體積沒有改變，就代表生物樣本的產二氧化碳速率等於耗氧速率。利用這樣的原理，可分別測量密閉空間中含有二氧化碳氣體吸收劑，及沒有二氧化碳氣體吸收劑兩種情形下的氣體體積變化，再計算出產二氧化碳速率。其計算方式如下：

有氫氧化鈉時：
密閉空間的氣體體積變化速率（甲）＝耗氧速率
沒有氫氧化鈉時：
密閉空間的氣體體積變化速率（乙）＝耗氧速率－產二氧化碳速率
→產二氧化碳速率＝甲－乙

實驗過程

1. 測量綠豆的耗氧速率與產二氧化碳速率

（1）如同「初階觀察與探究」的操作步驟（圖三 A），測量綠豆的質量、一開始的紅墨水位置刻度、5 分鐘後紅墨水位置刻度，紀錄於表四。

（2）將氫氧化鈉包裹球取出，將針筒內的壁面擦拭乾淨且乾燥，再進行上述步驟（圖三 B），測量針筒內氣體體積變化速率，紀錄於表四。

（3）（1）與（2）一共進行三次實驗，共測量 30 顆綠豆。

（4）計算每次實驗所測得的耗氧速率，與產二氧化碳速率，單位為 $\frac{\text{毫升}}{\text{公克・分鐘}}$，最後各自計算耗氧速率與產二氧化碳速率的平均值。

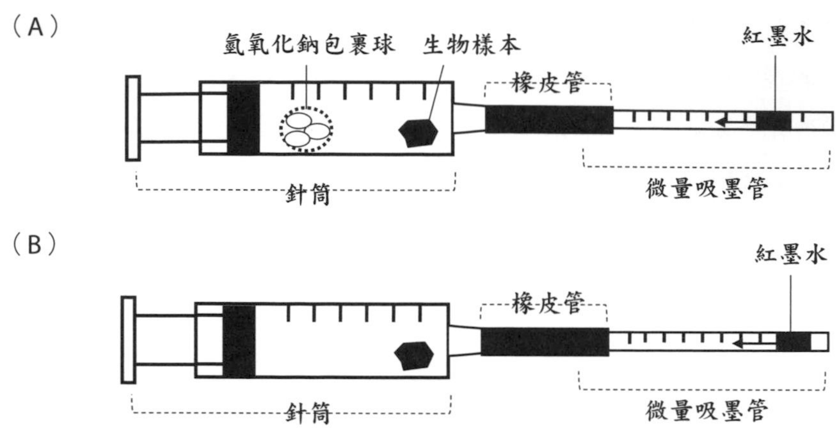

圖三　分別放置與不放置氫氧化鈉包裹球時，測量密閉空間中的體積變化，以求得生物樣本的耗氧速率與產二氧化碳速率的裝置示意圖。

2. 測量馬鈴薯塊莖的耗氧速率與產二氧化碳速率

（1）將馬鈴薯塊莖切成約 2×2×2 公分左右的大小。

（2）如同之前的操作步驟，所測量的數據紀錄於表五。

（3）計算每次實驗所測得的耗氧速率，與產二氧化碳速率，單位為 $\frac{\text{毫升}}{\text{公克・分鐘}}$，最後各自計算耗氧速率，與產二氧化碳速率的平均值。

3. 測量豬肉的耗氧速率與產二氧化碳速率

（1）將豬肉切成約 2×2×2 公分左右的大小。

（2）如同之前的操作步驟，所測量的數據紀錄於表六。

（3）計算每次實驗所測得的耗氧速率，與產二氧化碳速率，單位為 $\frac{\text{毫升}}{\text{公克・分鐘}}$，最後各自計算耗氧速率，與產二氧化碳速率的平均值。

科學紀錄與數據處理

表四　綠豆耗氧速率與產二氧化碳速率的測量紀錄。

實驗編號		1	2	3	代號與算式
有 氫氧化鈉包裹球	生物樣本質量（公克）				A
	一開始的刻度（毫升）				B
	5 分鐘後的刻度（毫升）				C
耗氧速率（毫升／公克．分鐘）					$\frac{C-B}{5\times A}$ ＝甲
平均耗氧速率（毫升／公克．分鐘）					
無 氫氧化鈉包裹球	生物樣本質量（公克）				A
	一開始的刻度（毫升）				B
	5 分鐘後的刻度（毫升）				C
氣體消耗速率（毫升／公克.分鐘）					$\frac{C-B}{5\times A}$ ＝乙
產二氧化碳速率（毫升／公克.分鐘）					甲－乙
平均產二氧化碳速率（毫升／公克.分鐘）					

表五　馬鈴薯塊莖耗氧速率與產二氧化碳速率的測量紀錄。

實驗編號		1	2	3	代號與算式
有 氫氧化鈉 包裹球	生物樣本質量 （公克）				A
	一開始的刻度 （毫升）				B
	5 分鐘後的刻度 （毫升）				C
耗氧速率 （毫升／公克·分鐘）					$\frac{C-B}{5\times A}$＝甲
平均耗氧速率 （毫升／公克·分鐘）					
無 氫氧化鈉 包裹球	生物樣本質量 （公克）				A
	一開始的刻度 （毫升）				B
	5 分鐘後的刻度 （毫升）				C
氣體消耗速率 （毫升／公克.分鐘）					$\frac{C-B}{5\times A}$＝乙
產二氧化碳速率 （毫升／公克.分鐘）					甲－乙
平均產二氧化碳速率 （毫升／公克.分鐘）					

表六　豬肉耗氧速率與產二氧化碳速率的測量紀錄。

實驗編號		1	2	3	代號與算式
有 氫氧化鈉 包裹球	生物樣本質量 （公克）				A
	一開始的刻度 （毫升）				B
	5 分鐘後的刻度 （毫升）				C
耗氧速率 （毫升／公克 · 分鐘）					$\frac{C-B}{5\times A}$ ＝甲
平均耗氧速率 （毫升／公克 · 分鐘）					
無 氫氧化鈉 包裹球	生物樣本質量 （公克）				A
	一開始的刻度 （毫升）				B
	5 分鐘後的刻度 （毫升）				C
氣體消耗速率 （毫升／公克 . 分鐘）					$\frac{C-B}{5\times A}$ ＝乙
產二氧化碳速率 （毫升／公克 . 分鐘）					甲－乙
平均產二氧化碳速率 （毫升／公克 . 分鐘）					

問題探究

1. 依據實驗結果，有產二氧化碳速率大於耗氧速率的現象嗎？
2. 依據實驗結果，有產二氧化碳速率等於耗氧速率的現象嗎？
3. 若想尋找細胞呼吸作用速率的指標，耗氧速率與產二氧化碳速率何者較為適合？為什麼？

科學家訓練班（開放性的探究活動）

在研究生物代謝的科學領域中，另也常以呼吸商（respiratory quotient, RQ）作為代謝指標，其計算方式如下：

$$\text{呼吸商（RQ）} = \frac{\text{產二氧化碳速率}}{\text{耗氧速率}}$$

一般而言，呼吸商（RQ）的數值接近 1 時，代表此生物樣本主要以分解醣類作為能量來源；若 RQ 的數值接近 0.7 時，代表此生物樣本主要以分解脂質作為能量來源；若 RQ 的數值在 0.8 至 0.9 的範圍內，代表此生物樣本分解醣類與脂質作為能量來源。

請計算綠豆、馬鈴薯塊莖與豬肉的呼吸商，判斷這些生物樣本各自以代謝何種物質為主？

豬肉中的瘦肉主要由肌細胞組成，肌細胞內富含醣類；肥肉主要由脂肪細胞組成，脂肪細胞內富含脂肪，這兩群細胞的呼吸作用，是瘦肉以代謝醣類為主，而肥肉以代謝脂肪為主嗎？請設計實驗，驗證瘦肉與肥肉在呼吸作用中所分解的物質是否各自為醣類與脂質？

任務回顧與省思

1. 在實驗操作與設計實驗的過程中，哪一步驟的挑戰最大？為什麼？
2. 還可以如何改良或設計實驗，使本次的探究任務能更圓滿的完成？
3. 除了本次的探究任務提供的因子，還可能有哪些因子也會影響細胞的呼吸作用速率？

科學原理剖析

呼吸商（respiratory quotient, RQ）是由生物樣本的耗氧速率與產二氧化碳速率經計算而得，其原理為何呢？

以醣類的呼吸作用為例，若以分解葡萄糖作為能量來源，其化學反應式如下：

$$C_6H_{12}O_6 + 6O_2 + 6H_2O \rightarrow 6CO_2 + 12H_2O + \text{能量}$$

由以上反應式可知，分解葡萄糖（$C_6H_{12}O_6$）時，每耗掉 6 莫耳的氧（O_2）就會產生 6 莫耳的二氧化碳（CO_2）；莫耳（mole）是一種呈現單一物質分子數量的單位，一莫耳含有 6.02×10^{23} 個粒子（分子、原子、離子或電子等）。而在同一溫度與壓力的環境中，同樣莫耳數的氣體其體積一樣，所以用體積變化來計算耗氧速率與產二氧化碳速率時，兩者的數值一樣，RQ 的數值就會成為 1 了。

若是細胞呼吸的分解對象為脂質類的養分，例如分解脂肪酸 - 硬脂酸與油酸，其反應式如下：

硬脂酸：$C_{17}H_{35}COOH + 26O_2 \rightarrow 18H_2O + 18CO_2$

$RQ = 18 / 26 = 0.692$

油酸：$C_{17}H_{33}COOH + 25.5O_2 \rightarrow 17H_2O + 18CO_2$

$RQ = 18 / 25.5 = 0.706$

由以上反應式可知，分解脂肪酸時，RQ 的數值就接近 0.7。但若 RQ 的數值在 0.8 與 0.9 之間，就代表細胞同時分解為醣類與脂質類的養分，使 RQ 的數值落於 1 與 0.7 之間了。

19 探究任務 尿尿小童

研究調查主題

水瓶漏水的孔洞數量、位置與大小對排水水柱性質的效應

一、任務提示

水壺若破了一個大洞，裡面的水可能會流出，但如果水壺只破了一個小洞，裡面的水還會流出嗎？如果水壺破了兩個小洞，兩個小洞的高低不同或是大小不同的話，兩個小洞所排出的水柱會一樣嗎？如果只能打出兩個小洞，如何打洞才能最快地將水壺內的水排光？

初階觀察與探究　孔洞的數量與位置對排水現象的效應

活動前準備

1. 器材與工具：具高低不同但大小一致之孔洞的閉密容器。
   尋找有蓋子、可密閉的寶特瓶或牛奶罐，利用打火機將鐵筷或鐵釘燒熱後（圖一），用炙熱的鐵筷或鐵釘將寶特瓶底部燒熔出 2 個孔洞（直徑約 0.3 公分），其中一個孔洞離瓶子的底部較近，另一個個較遠，使兩個孔洞有高低落差（圖二）。

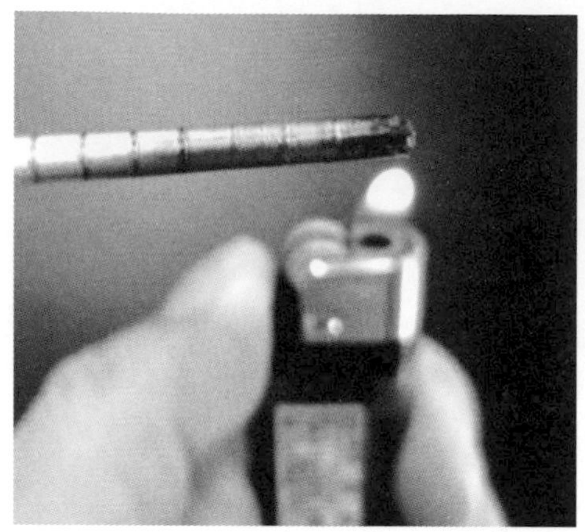

圖一　利用打火機將鐵筷或鐵釘燒熱。

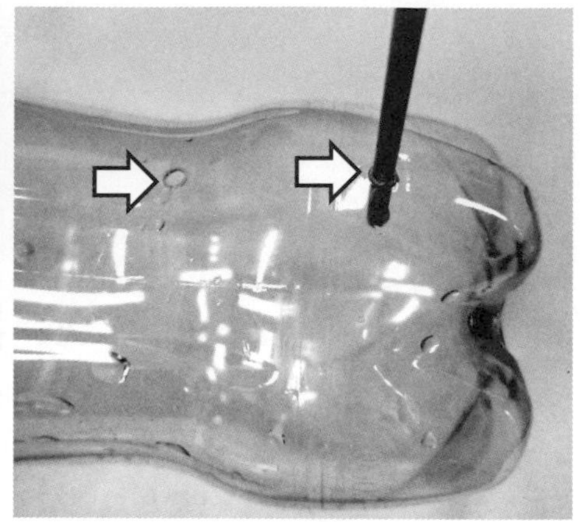

圖二　以炙熱的鐵筷或鐵釘，將寶特瓶底部燒熔出 2 個大小一樣孔洞，兩個孔洞間有高低落差（箭頭所指為孔洞的位置）。

小小提醒

使用打火機需注意用火安全，亦要避免身體靠近或碰觸鐵筷或鐵釘的炙熱之處，炙熱的鐵筷或鐵釘在使用後宜立即放入冷水中冷卻，以免誤傷。

2. 觀察與實驗的場所以有水龍頭供水與水槽處為佳，若無供水設備，則須以水桶、大水盆與水瓢等工具，用以供水與盛水。
3. 以 2 人或 4 人為一組。

原理簡介

在水中將一水杯倒放後，以開口朝下的角度，逐漸將水杯抬離水面，只要沒有讓空氣進入水杯的縫隙，水杯中的水並不會排出，但是一旦有了縫

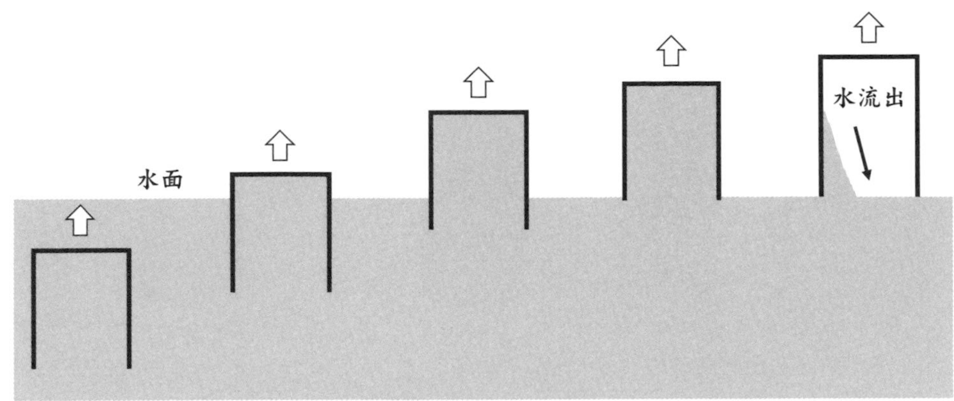

圖三　水下面的水杯倒放後，慢慢拉離水面的過程中，
觀察水杯中是否有水的情形。

隙，空氣可進入杯內，此時杯內的水就會流出了（圖三）。在一個密閉的容器中，有哪些因子會決定容器中的水是否可以排出呢？

觀察與探究

1. 密閉的容器有一個或兩個孔洞，水會排出嗎？

（1）以手指遮住容器上的兩個孔洞，打開蓋子將水注入至滿水（圖四 A）。

（2）蓋上蓋子（圖四 B），將容器正放於水槽旁的桌面，或正放於桌邊，桌旁以臉盆或水桶預備盛水。

（3）放開蓋住容器下方孔洞的手指，此時只露出下方的孔洞（圖四 C），靜置 3 秒後，觀察此時下方孔洞是否有水流出？觀察完成後以手指蓋住上方孔洞。

（4）放開蓋住容器上方孔洞的手指，只露出上方的孔洞（圖四 D），靜置 3 秒後，觀察此時上方孔洞是否有水流出？觀察完成後以手指蓋住上方孔洞。

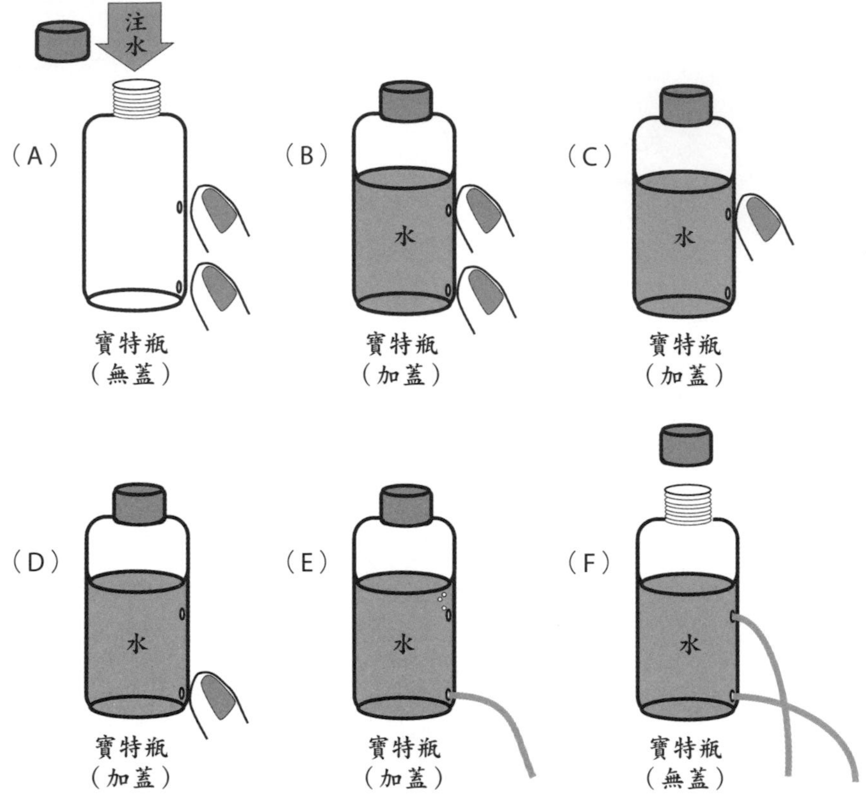

圖四　觀察容器上不同數量與位置之孔洞的流水情形。
（A）以手指蓋住孔洞，並將容器注滿水的過程。
（B）蓋上蓋子，使容器形成密閉狀態。
（C）移開下方孔洞的手指，僅使下方孔洞開啟。
（D）移開上方孔洞的手指，僅使上方孔洞開啟。
（E）移開上方與下方孔洞的手指，使上方、下方孔洞皆開啟。
（F）打開容器蓋子，使容器維持不密閉狀態，同時上方、下方孔洞皆開啟。

（5）同時放開蓋住容器上方與下方孔洞的手指（圖四 E），使上、下方的孔洞開啟，靜置 3 秒後，觀察此時上、下方孔洞是否有水流出？

（6）觀察結果紀錄表一。

2. 不密閉的容器有一個或兩個孔洞，水會排出嗎？

（1）以手指遮住容器上的兩個孔洞，打開蓋子將水注入至滿水。

（2）不蓋上蓋子（圖四 F），將容器正放於水槽旁的桌面，或正放於桌邊，桌旁以臉盆或水桶預備盛水。

（3）放開蓋住容器上方孔洞的手指，此時只露出上方孔洞，靜置 3 秒後，觀察此時下方孔洞是否有水流出？觀察完成後以手指蓋住上方孔洞。

（4）放開蓋住容器下方孔洞的手指，只露出下方的孔洞，靜置 3 秒後，觀察此時下方孔洞是否有水流出？觀察完成後以手指蓋住上方孔洞。

（5）同時放開蓋住容器上方與下方孔洞的手指，使上、下方的孔洞開啟，靜置 3 秒後，觀察此時上、下方孔洞是否有水流出？

（6）觀察結果紀錄表二。

3. 密閉的容器上兩個孔洞的高度相同或不同時，水會排出嗎？

（1）以手指遮住容器上的兩個孔洞，打開蓋子將水注入至滿水。

（2）蓋上蓋子，將容器橫放於水槽旁的桌面，或橫放於桌邊，桌旁以臉盆或水桶預備盛水。

（3）調整容器的角度，使容器上兩個孔洞位於同樣的高度。

（4）同時放開兩孔洞的手指，使兩孔洞開啟，靜置 3 秒後，觀察此時兩個孔洞是否有水流出（圖五）？

（5）調整容器的角度，使容器上兩個孔洞高度不同。

（6）靜置 3 秒後，觀察此時兩個孔洞是否有水流出（圖六）？

（7）觀察結果紀錄表二。

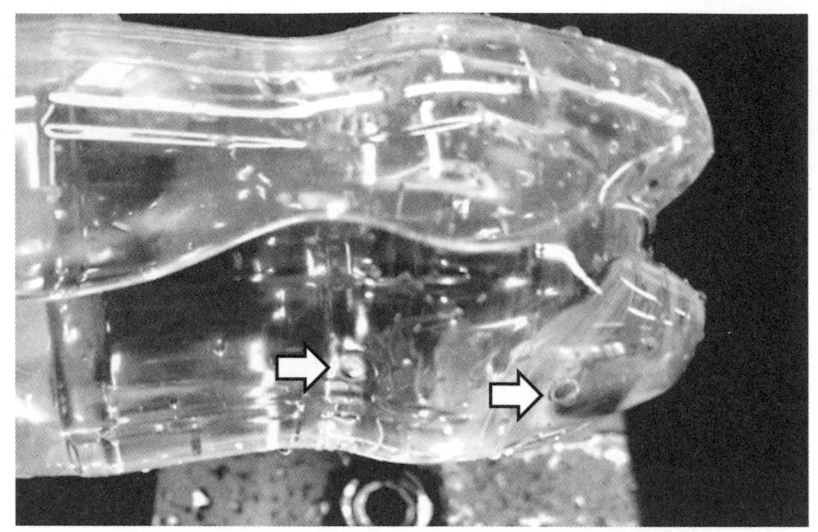

圖五　兩個孔洞高度相同時，觀察是否有水流出（箭頭為孔洞的位置）。

圖六　兩個孔洞高度不同時，觀察是否有水流出（箭頭為孔洞的位置）。

科學紀錄

表一　密閉容器開啟一個孔洞或兩個孔洞時的漏水情形紀錄。

開啟孔洞的情形	開啟一個孔洞		開啟兩個孔洞
	僅開起上方孔洞	僅開起下方孔洞	
水流情形紀錄			

表二　非密閉的容器開啟一個孔洞或兩個孔洞時的漏水情形紀錄。

開啟孔洞的情形	開啟一個孔洞		開啟兩個孔洞
	僅開起上方孔洞	僅開起下方孔洞	
水流情形紀錄			

表三　密閉容器的兩個孔洞高度相同或高度不同時的漏水情形紀錄。

兩個孔洞的相對位置	兩個孔洞高度相同	兩個孔洞高度不同
水流情形紀錄		

問題探究

1. 密閉容器要有幾個孔洞才能讓容器內的水流出？
2. 密閉容器若有兩個孔洞，兩個孔洞都會有水流出的現象嗎？在非密閉容器中，兩個孔洞都會有水流出的現象嗎？
3. 密閉或是非密閉的容器中若有兩個孔洞，什麼情況會觀察到空氣會從孔洞進入容器（會形成氣泡）的現象？
4. 依據觀察，兩個孔洞的相對位置在什麼狀態（高度相同還是不同）才能有水流出？
5. 在兩孔洞的高度不同時，是上方還是下方的孔洞能排水？

進階觀察與探究　不同高度的孔洞，排出的水柱角度與距離有何不同？

活動前準備

1. 器材與工具：

    （1）具有兩高度不同之孔洞的容器。

    （2）30 公分直尺、量角器。

    （3）可拍照或錄影的設備。

2. 觀察與實驗的場所以有水龍頭供水與水槽處為佳，若無供水設備，亦可以使用水桶、大水盆與水瓢等工具來供水與盛水。
3. 以 2 人或 4 人為一組。

原理簡介

在游泳池戲水時，你會發現身體在水底層時所感受的水壓較大，同樣的，許多房屋的水塔設在頂樓，且水塔越高，流出的水壓越大（圖七）。若容器底部的孔洞正在排水，則排水的速度應會受到水壓的影響，那麼，容器內的水體高度，是否也會影響孔洞的排水情形？上方與下方孔洞的排水情形有何不同呢？

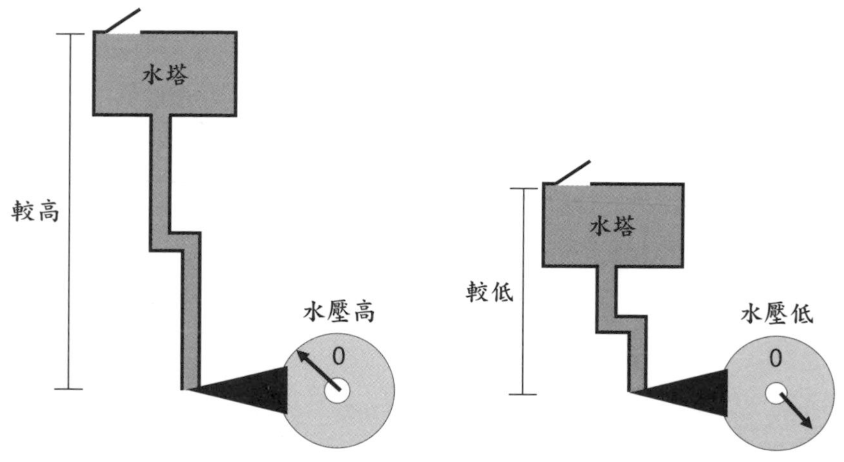

圖七　水體的高度越大，底部的水壓越大。

實驗過程

1. 不密閉之容器上的兩個孔洞，其排水水柱的長度比較

（1）以手指遮住容器上的兩個孔洞，打開蓋子將水注入至滿水。

（2）不蓋上蓋子（圖四 F），將容器正放於水槽旁的桌面，或正放於桌邊，桌旁以臉盆或水桶預備盛水。

（3）在容器下方橫向放置直尺（圖八），並架設攝影或照相設備，以由上而下（俯面）的角度，使視野中可以看到兩個孔洞與直尺。

（4）同時放開蓋住容器上方與下方孔洞的手指，使上、下方的孔洞開啟，紀錄上、下方孔洞的水流排出情形。

（5）以所紀錄的影像（照片或影片），在視野中測量從上、下方孔洞排出之水柱各自的長度（圖九）。

（6）分別測量第 0、3、6、9、12、15、18、21 秒時，上、下方孔洞排出之水柱各自的長度，紀錄於表三中。

小小提醒

以下「2. 不密閉之容器上的兩個孔洞，其排水水柱的角度比較」的概念較為複雜難懂，適合已學過「切線角度」概念的學生操作。若還未具有相關概念，則僅測量、比較排水水柱之長度即可。

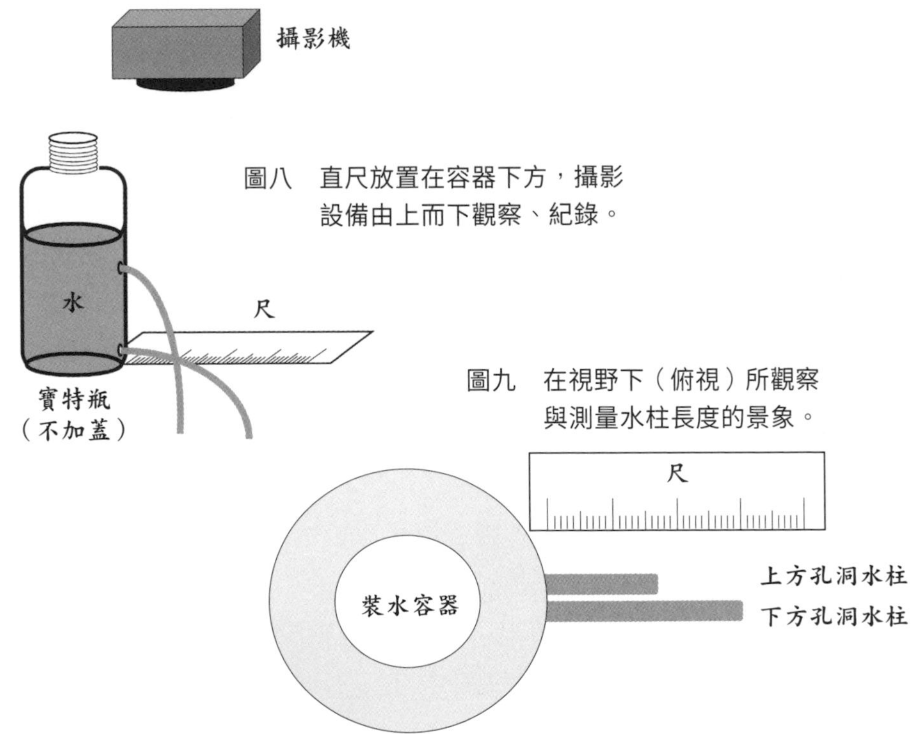

圖八　直尺放置在容器下方，攝影設備由上而下觀察、紀錄。

圖九　在視野下（俯視）所觀察與測量水柱長度的景象。

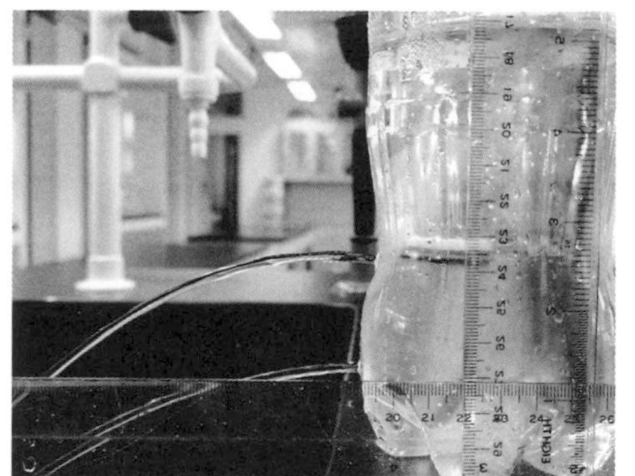

圖十　在容器側面橫向放置直尺。

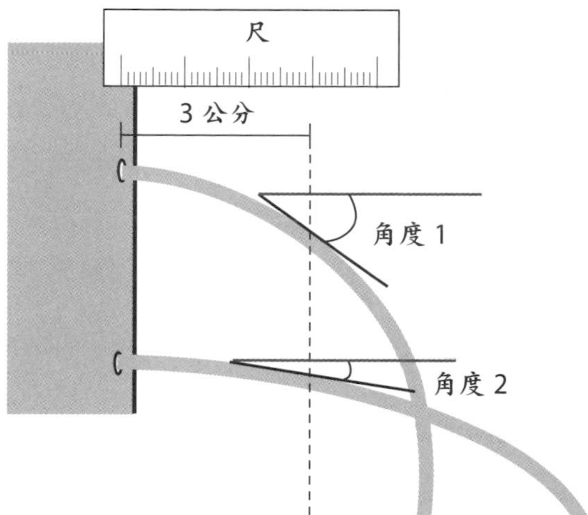

圖十一　在視野中測量水柱距離孔洞 3 公分處的切線角度。

圖十二　不同時間，所觀察之上、下方孔洞排出之水柱的切線角度變化。實線為上方孔洞排出的水柱切線，虛線為下方孔洞排出的水柱切線。

2. 不密閉之容器上的兩個孔洞，其排水水柱的角度比較

（1）以手指遮住容器上的兩個孔洞，打開蓋子將水注入至滿水。

（2）不蓋上蓋子（圖四 F），將容器正放於水槽旁的桌面，或正放於桌邊，桌旁以臉盆或水桶預備盛水。

（3）在容器側面橫向放置直尺（圖十），並架設攝影或照相設備，以側面的角度紀錄，使視野中可以看到兩個孔洞與直尺。

（4）同時放開蓋住容器上方與下方孔洞的手指，使上、下方的孔洞開啟，紀錄上、下方孔洞的水流排出情形。

（5）以所紀錄的影像（照片或影片），在視野中測量水柱距離孔洞 3 公分處的切線角度（圖十一）。

（6）分別測量第 0、3、6、9、12、15、18、21 秒時，上、下方孔洞排出之水柱各自的切線角度（圖十二），紀錄於表四中（若水柱距離孔洞未達 3 公分時，則紀錄為 90 度）。

科學紀錄與數據處理

表三　上、下方孔洞排出之水柱的長度紀錄。

	水柱的長度（公分）							
時間（秒）	0	3	6	9	12	15	18	21
上方孔洞的水柱								
下方孔洞的水柱								

表四　上、下方孔洞排出之水柱水柱，距離孔洞 3 公分處的切線角度。

	水柱的切線角度（度）							
時間（秒）	0	3	6	9	12	15	18	21
上方孔洞的水柱								
下方孔洞的水柱								

問題探究

1. 依據測量數據，上方與下方孔洞所排出之水柱，何者水柱長度較長？
2. 依據測量數據，上方與下方孔洞所排出之水柱，何者水柱之切線角度較大？
3. 若上方與下方孔洞同時排水，與蓋住上方孔洞而僅有下方孔洞排水，下方孔洞排水之水柱在兩種情形下，其水柱之長度或切線角度會一樣嗎？

科學家訓練班（開放性的探究活動）

若在一瓶子的同一水平面上，燒熔出 2 個直徑不同的孔洞（圖十三），則兩孔洞在排水時（圖十四），兩者排出之水柱的距離與切線角度是否會一樣？

請設計實驗，比較同一水平面上，孔洞的直徑大小對於「水柱的距離與切線角度」有何影響呢？

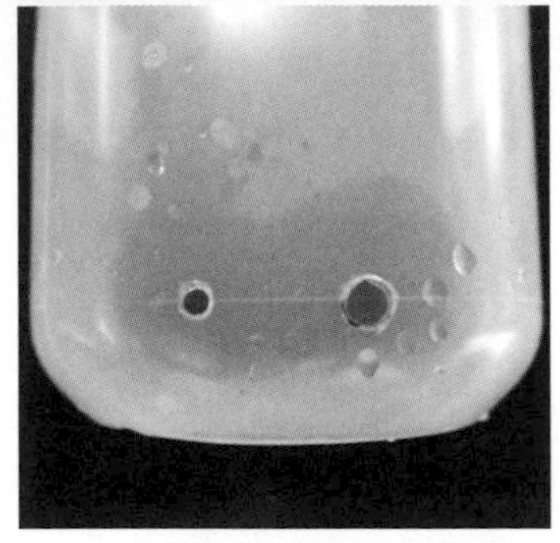

圖十三　在瓶子側壁的同一水平面上，燒熔出 2 個直徑不同的孔洞。

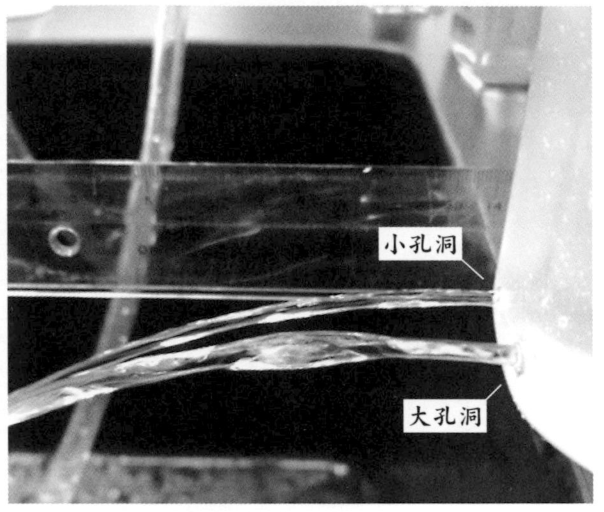

圖十四　在同一水平面上，但大小不同的孔洞，其排水情形的觀察、比較。

任務回顧與省思

1. 在實驗操作與設計實驗的過程中，哪一步驟的挑戰最大？為什麼？
2. 還可以如何改良或設計實驗，使本次的探究任務能更圓滿的完成？
3. 除了本次的探究任務提供的因子，還可能有哪些因子也會影響容器孔洞流出水注的現象呢？

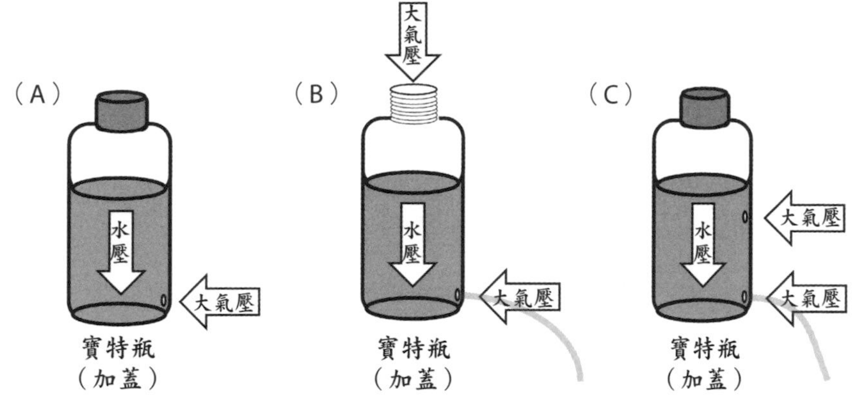

圖十五　不同情形的水瓶，壁面孔洞是否會排出水的原因比較。

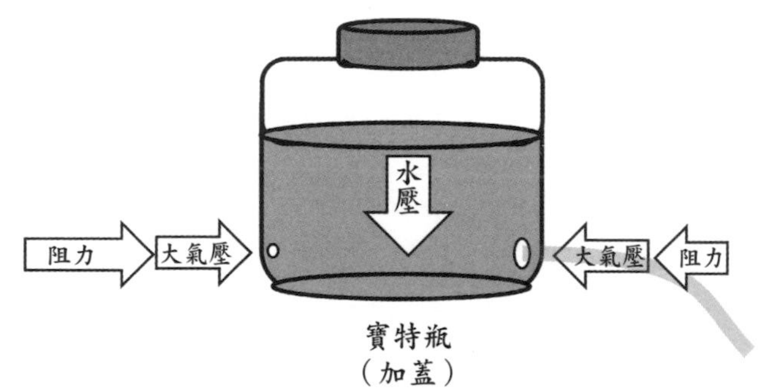

圖十六　閉密水瓶壁面相同高度之孔徑大小不同的孔洞，是否會排出水的原因比較。

科學原理剖析

在一密閉的水瓶的壁面打了一個小洞，雖然水瓶內的水因重力的作用而產生水壓，且水柱的高度越高，所產生的水壓越大，但因大氣壓作用於小孔的壓力而使水無法排出（圖十五 A）；若是將瓶蓋打開，使水瓶不再密閉，則因大氣壓可同時施壓於水瓶開口與壁面小孔，透過水壓可使水從小孔從中排出（圖十五 B），此時替代流出水的空氣可從瓶口流入；若在一密閉的水瓶的壁面打了兩個上、下不同位置的小洞，其上方的小孔就當於瓶口，可讓大氣壓同時作用於上方與下方的小孔，但因下方小孔因水壓的作用，使水可從下方小孔排出（圖十五 C），此時替代流出水的空氣可從上方小孔流入。

若在閉密水瓶的壁面有兩個小孔，需要讓兩個小孔之間的高度差異大到某種程度，也就是使小孔間的水壓差異大到某種程度，達可克服水流出小孔的阻力時，就會產生下方水孔流出水而上方水孔流入空氣（會產生氣泡）的現象。

若在閉密水瓶的壁面，在同樣的水平面打出兩個孔徑大小不同的孔洞，要如何決定哪一孔流出水哪一孔流入空氣呢？此時就要比較水流出哪個孔洞的阻力較小？水流出孔徑較大孔洞的阻力較小（圖十六），所以若水壓大到可以的抵抗大孔洞的阻力（阻力較小孔洞小）時，水就可從大孔洞流出，而小孔洞流入空氣（會產生氣泡）。

20 探究任務 汽水真有氣

研究調查主題

影響碳酸溶液釋出二氧化碳速率的因子

任務提示

許多人都有喝汽水或可樂的經驗，這些碳酸飲料在嘴中會產生「刺刺」的口感，這是為什麼呢？碳酸飲料是指灌入二氧化碳氣體的飲料，使得二氧化碳溶於水中，或是與水作用形成碳酸，因此碳酸飲料是酸性的。碳酸飲料在口中可大量釋出二氧化碳氣泡，所以又稱為汽水；這些微細的氣泡會刺激口腔，產生「刺刺」的爽快口感。汽水會冒氣，是因為釋出水中的二氧化碳氣體所致，哪些因子會影響汽水冒氣的速率呢？

初階觀察與探究　不同材質對引發汽水冒氣程度的效應

活動前準備

1. 器材與工具：汽水（可樂）或碳酸水（氣泡水、蘇打水）、棉花棒、竹筷、塑膠吸管、清水、粗的透明塑膠吸管（如喝珍珠奶茶的吸管）、黏土、油性簽字筆、可計時的設備（如手錶、碼表、手機等）、尺。
2. 以 2 人或 4 人為一組。

原理簡介

汽水在瓶子內的時候，因為瓶內壓力大，所以二氧化碳因壓力而溶於水；但當瓶蓋打開使得壓力下降時，溶於水的二氧化碳就會釋出成氣體，形成許多細小的氣泡。除了壓力之外，許多因子也會影響二氧化碳從溶解狀態轉變成氣體釋出的速率，例如：若承裝汽水的杯子中有刮痕，常常會在刮痕處產生氣泡。是否物體表面的光滑與否，會影響汽水冒氣的程度呢？

觀察與探究

1. 觀察竹筷與塑膠吸管引發汽水冒氣的情形

（1）將剛開封的汽水緩慢倒入杯子或碗等容器，若汽水原先就裝在透明的瓶子內，則不須倒出。

（2）將一支竹筷與一支塑膠吸管同時插入汽水中。

（3）觀察竹筷與塑膠吸管表面冒出氣泡的情形，比較何者所冒的氣泡較多，紀錄於表一。

小小提醒

若希望實驗操作後的汽水能繼續飲用，實驗所使用的器材需先以開水洗過，並避免以手接觸汽水。

2. 竹筷與塑膠吸管引發汽水冒氣程度的量化比較

（1）將 2 支粗的透明塑膠吸管，各自插入剛開封的汽水中（圖一 A、B）。

（2）將一支竹筷與一支塑膠吸管剪成長度一樣，將塑膠吸管的兩側開口以塑膠黏土封住，同時將竹筷與吸管各自插入汽水中的透明塑膠吸管內（圖一 B、C）。

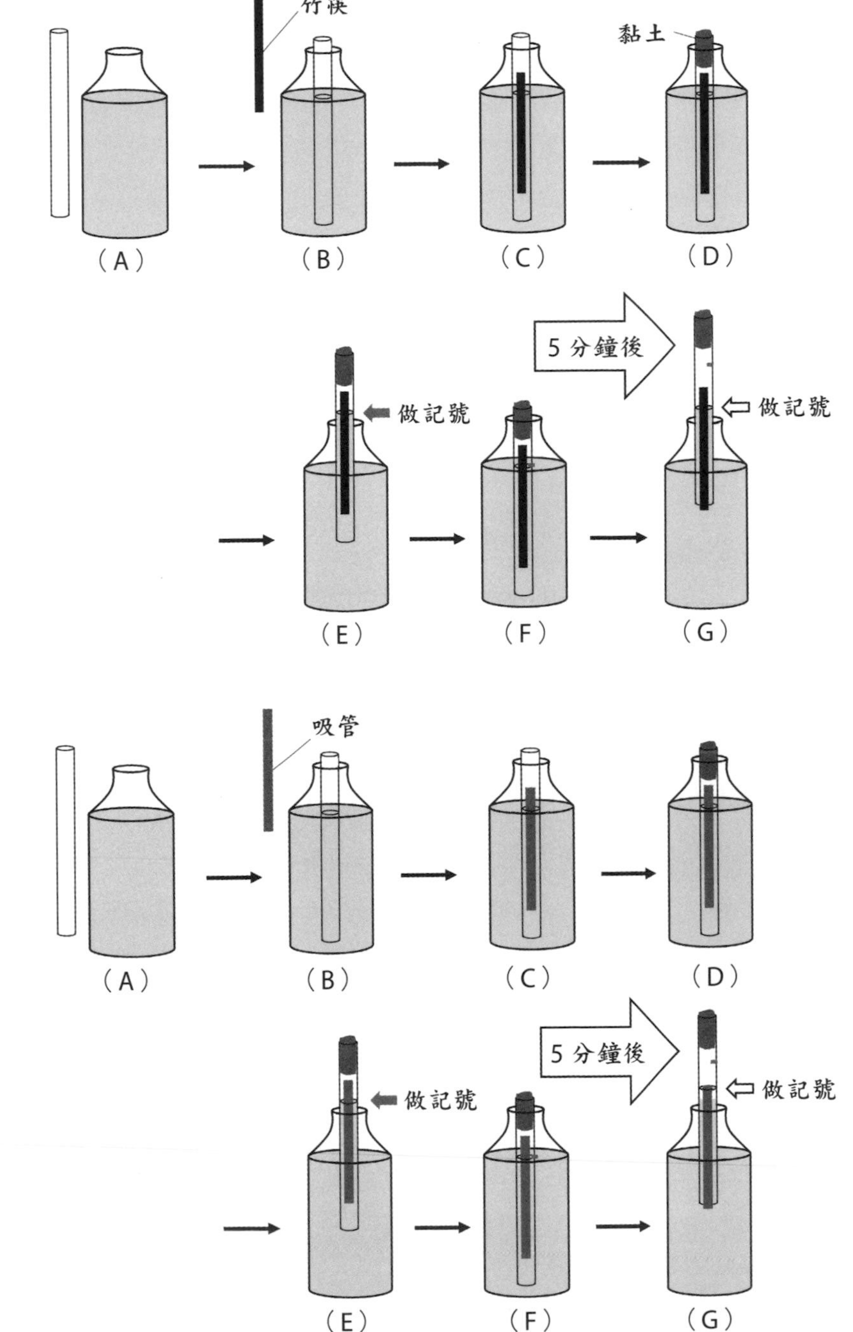
竹筷
黏土
(A)
(B)
(C)
(D)
5 分鐘後
做記號
做記號
(E)
(F)
(G)
圖一
吸管
(A)
(B)
(C)
(D)
5 分鐘後
做記號
做記號
(E)
(F)
(G)

（3）迅速以黏土封住兩個粗透明塑膠吸管的上端開口（圖一 D）。

（4）將兩個粗吸管拉起（底端不能離開水面），並於汽水柱上側水面處以油性簽字筆做記號（圖一 E），再放回汽水中（圖一 F）並開始計時。

（5）觀察竹筷與塑膠吸管表面冒出氣泡的情形，5 分鐘後將兩個粗吸管拉起（底端不能離開水面），於汽水柱上側的水面處以油性簽字筆做上記號（圖一 G）。

（6）以尺測量粗吸管上兩個記號的距離，即為五分鐘內汽水柱移動的距離，紀錄於表一。

（7）將竹筷與塑膠吸管兩組的汽水柱移動距離，於圖二中繪製成柱狀圖，比較兩者的冒氣程度。

小小提醒

若希望實驗結果更為明顯，汽水可先放冰箱冷藏，且汽水一開封須立即進行實驗。最好在汽水的原包裝瓶／罐內直接進行，儘量避免晃動與轉移到其他容器。若汽水因晃動而冒出越多氣泡，則實驗的結果就會越不明顯了。

3. 觀察乾燥與沾水的棉花棒引發汽水冒氣的情形

（1）將剛開封的汽水緩慢地倒入杯子或碗等容器，若汽水原先就裝在透明瓶子內，則不須倒出。

（2）將一支乾燥的棉花棒剪成兩段，一段維持乾燥，另一段的棉花沾水，將兩段棉花棒同時插入汽水中。

（3）觀察乾燥與沾水的棉花棒表面冒出氣泡的情形，比較何者所冒的氣泡較多，紀錄於表二。

4. 乾燥與沾水的棉花棒引發汽水冒氣程度的量化比較

(1) 將一支乾燥的棉花棒剪成兩段，一段維持乾燥，另一段的棉花沾水。

(2) 其餘步驟與實驗 2 相似，但將竹筷與塑膠吸管替換成乾燥與沾水的棉花棒。

(3) 以尺測量粗吸管上兩個記號的距離，即為五分鐘起汽水柱移動的距離，紀錄於表二中。

(4) 將乾燥與沾水的棉花棒兩組的汽水柱移動距離，於圖三中繪製成柱狀圖，比較兩者的冒氣程度。

科學紀錄

1. 竹筷與塑膠吸管引發汽水冒氣程度的比較

表一　竹筷與塑膠吸管引發汽水冒氣程度的比較。

	竹筷	塑膠吸管
汽水冒氣程度 （文字紀錄）		
5 分鐘內 液面下降距離 （公分）		

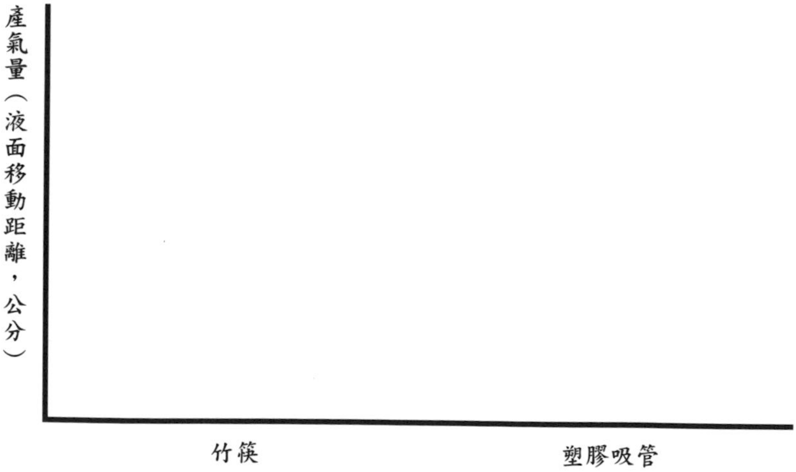

產氣量（液面移動距離，公分）

竹筷　　塑膠吸管

圖二　竹筷與塑膠吸管引發汽水產氣量的比較。

2. 乾燥與沾水的棉花棒引發汽水冒氣程度的比較

表二　乾燥與沾水的棉花棒引發汽水冒氣程度的比較。

	乾燥棉花棒	沾水棉花棒
汽水冒氣程度 （文字紀錄）		
5 分鐘內 液面下降距離 （公分）		

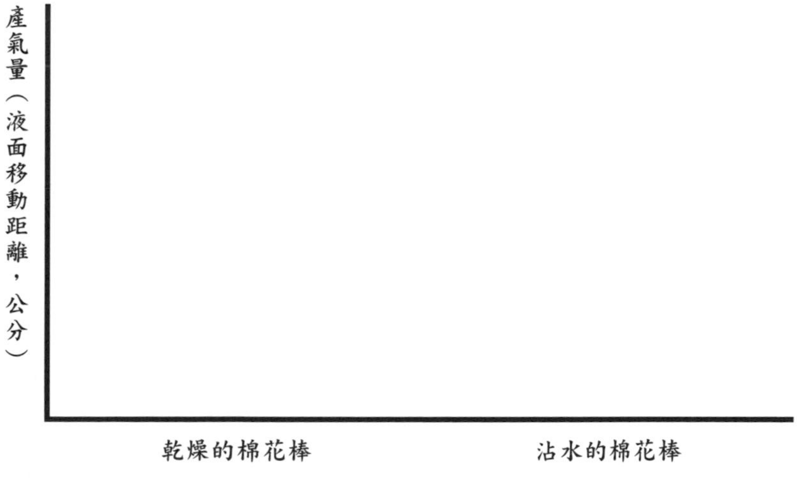

圖三　乾燥與沾水的棉花棒引發汽水產氣量的比較。

問題探究

1. 竹筷與塑膠吸管的表面有何不同？
2. 依據觀察與實驗數據，竹筷與塑膠吸管何者引發汽水冒氣程度較大？
3. 依據觀察與實驗數據，乾燥與沾水的棉花棒何者引發汽水冒氣程度較大？

進階觀察與探究　酸鹼值與表面張力對引發汽水冒氣程度的效應

活動前準備

1. 器材與工具：汽水（可樂）或碳酸水（氣泡水）、棉花棒、清水、醋；小蘇打水、肥皂水（或清潔液）。
2. 以 2 人或 4 人為一組。

原理簡介

汽水中除了因高壓灌入二氧化碳，使二氧化碳溶於水中外，二氧化碳也可與水作用形成碳酸，碳酸也可經反應形成二氧化碳與水，這個雙向反應的反應方向受到許多因素的影響，例如：溶液的酸鹼值。此外，溶於水中的二氧化碳釋出成氣體的速率，也受到許多因子的影響，例如接觸物體的表面，或是改變溶液的表面張力，而肥皂水可以破壞水的表面張力。

如果改變汽水的酸鹼值，或是加入肥皂水而破壞表面張力，對於汽水冒氣的程度會有什麼影響呢？

實驗過程

1. **改變汽水酸鹼值對汽水冒氣程度的效應**

（1）將兩支棉花棒各剪成兩段，一段沾附清水、一段沾附醋、一段沾附小蘇打水，共有三段棉花棒。

（2）如同「初階觀察與探究」的量化操作，將 3 支粗的透明塑膠吸管各自插入剛開封的汽水中。

（3）將步驟（1）所製作的三段棉花棒各自插入汽水中的粗透明塑膠吸管內，迅速以黏土封住粗透明塑膠吸管的上端開口。

（4）將粗吸管拉起（底端不能離開水面），並於汽水柱上側的水面處以油性簽字筆做上記號，再放回汽水中並開始計時。

（5）觀察三組棉花棒表面冒出氣泡的情形，5 分鐘後將粗吸管拉起（底端不能離開水面），於汽水柱上側的水面處以油性簽字筆做上記號。

（6）以尺測量粗吸管上兩個記號的距離，即為五分鐘起汽水柱移動的距離，紀錄於表三。

（7）將分別沾附清水、醋、小蘇打水的棉花棒三組的汽水柱移動距離，於圖四中繪製成柱狀圖，比較三者的冒氣程度。

2. **改變表面張力對汽水冒氣程度的效應**

（1）一支乾燥的棉花棒剪成兩段，一段沾附清水，另一段沾附肥皂水。

（2）將 2 支粗的透明塑膠吸管各自插入剛開封的汽水中。

（3）其餘步驟與實驗 1 相似，以尺測量粗吸管上兩個記號的距離，即為 5 分鐘起汽水柱移動的距離，紀錄於表四。

（4）將沾附清水或肥皂水之棉花棒的兩組汽水柱移動距離，於圖五中繪製成柱狀圖，比較兩者的冒氣程度。

科學紀錄與數據處理

1. 改變汽水酸鹼值對汽水冒氣程度的效應

表三　沾附清水、醋或小蘇打水的棉花棒引發汽水冒氣程度的比較。

	清水	醋	小蘇打水
5 分鐘內 液面下降距離 （公分）			

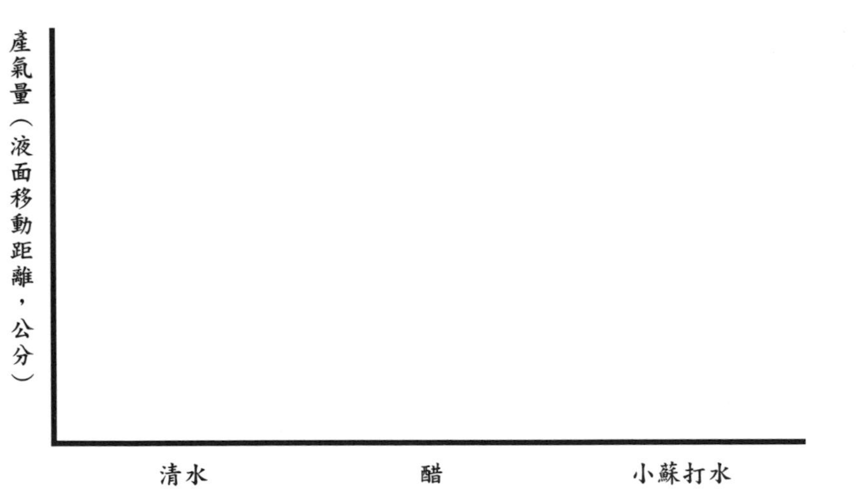

圖四　水、醋或小蘇打水引發汽水產氣量的比較。

2. 改變表面張力對汽水冒氣程度的效應

表四　沾附清水或肥皂水的棉花棒引發汽水冒氣程度的比較。

	清水	肥皂水
5 分鐘內 液面下降距離 （公分）		

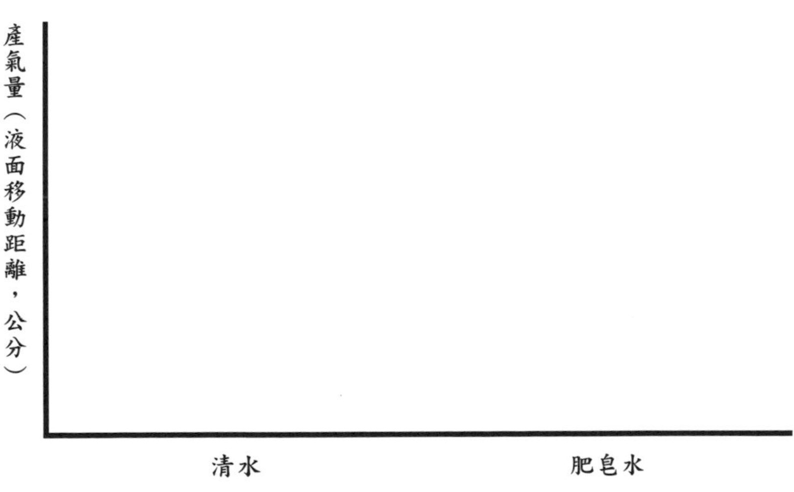

圖五　清水或肥皂水引發汽水產氣量的比較。

問題探究

1. 請查詢資料，醋與小蘇打水的酸鹼值大約各為何？
2. 依據觀察與實驗數據，溶液的酸鹼值變化對汽水冒氣程度會產生什麼效應？

3. 依據觀察與實驗數據，若降低溶液的表面張力對汽水冒氣程度會產生什麼效應？

科學家訓練班（開放性的探究活動）

有些人注意到，若將杯子用水洗過後而保持濕潤，在倒入汽水後比較不易產生氣泡；也有人認為若是從冰箱拿出的冰空杯，在倒入汽水後也比較不易產生氣泡。若是汽水在杯中所冒出的氣泡少，在喝入口後才能產生出更多的氣泡，產生更爽口的口感，所以能減少汽水在入口前的冒氣泡程度，汽水會更加好喝。

請設計實驗，研究「杯子是否濕潤」與「杯子的溫度」等因子，對「汽水冒氣泡的程度」有何影響呢？

任務回顧與省思

1. 在實驗操作與設計實驗的過程中，哪一步驟的挑戰最大？為什麼？
2. 還可以如何改良或設計實驗，使本次的探究任務能更圓滿的完成？
3. 除了本次的探究任務提供的因子，還可能有哪些因子也會影響汽水的冒氣程度？

科學原理剖析

氣體溶於水，受溫度、氣壓等因子影響，在壓力增加時，可使氣體溶於水，而當氣壓下降時，溶於水的氣體就會釋出。汽水的製造方法，大多是將二氧化碳以高壓的壓力使其溶於調配過的糖水，並裝置在密閉的瓶罐中，汽水瓶罐中的壓力比一般大氣壓高。當打開汽水的瓶罐後，瓶罐內的壓力下降，會使溶於汽水的二氧化碳釋出，所以會產生許多氣泡。

但事實上，氣體除了從汽水表面直接釋出至空氣中，若要在汽水內形成氣泡，還需要考慮其他的因素。水分子與水分子之間具有作用力，要將水推開而產生氣泡是需要足夠的能量才能發生的，就像是要在一群手牽著手的人群中滾入一個大球，需要有足夠的力量將牽著的手推開，大球才能推開人們而進入人群中。一般而言汽水中溶解的二氧化碳量並不足以推開水分子，無法形成氣泡；但若汽水中已存在足夠大小的氣泡，此時溶於水的二氧化碳會更容易進入原先已存在的氣泡。這是為什麼呢？水中氣泡內的壓力與氣泡直徑有關，氣泡直徑越大，氣泡內壓力越小；反之，氣泡直徑越小，氣泡內壓力越大。因此當二氧化碳一開始形成小氣泡時，小氣泡內的壓力較大，可阻止二氧化碳進入，因此氣泡無法持續吸收從水中釋出的二氧化碳。但若已存在了一個較大的氣泡，大氣泡內的壓力較低，就無法阻止二氧化碳的進入，此時這個氣泡就可持續吸收從水中釋出的二氧化碳而不斷地變大（圖六 A → B），當氣泡體積增加而使浮力增加時，就能離開容器的表面而浮到汽水的上端液面（圖六 B → C → D），這就是我們所觀察到的「冒泡泡」現象。

因此，若汽水中放入有凹槽缺刻的物體，或是含有氣體的棉絮、紙張，就能在汽水中製造出已存在且足夠大的氣泡，就能不斷冒出泡泡（圖六 E）。

形成氣泡時，氣泡的表面張力會阻止氣泡的形成，若在水中加入清潔劑則可破壞表面張力，此時氣泡會更容易形成。

此外二氧化碳在水中會與水分子作用形成碳酸，碳酸可解離成碳酸氫根（HCO_3^-）與氫離子（H^+），在水中會形成以下的平衡反應：

$$CO_2 + H_2O \rightleftarrows H_2CO_3 \rightleftarrows HCO_3^- + H^+$$

若水中有酸性物質，使得氫離子（H^+）濃度增加，此時此反應會偏向產生二氧化碳氣體（CO_2）的反應，使得氣泡更容易產生：

HCO_3^- ＋ H^+（酸性物質）→ H_2CO_3 → CO_2（產生氣泡）＋ H_2O

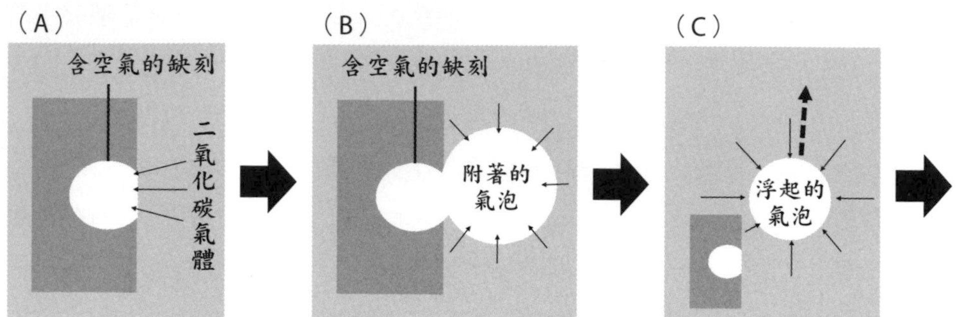

圖六　汽水中透過已存在的氣泡（在物體的缺刻或是棉絮中），持續產生氣泡的示意圖。

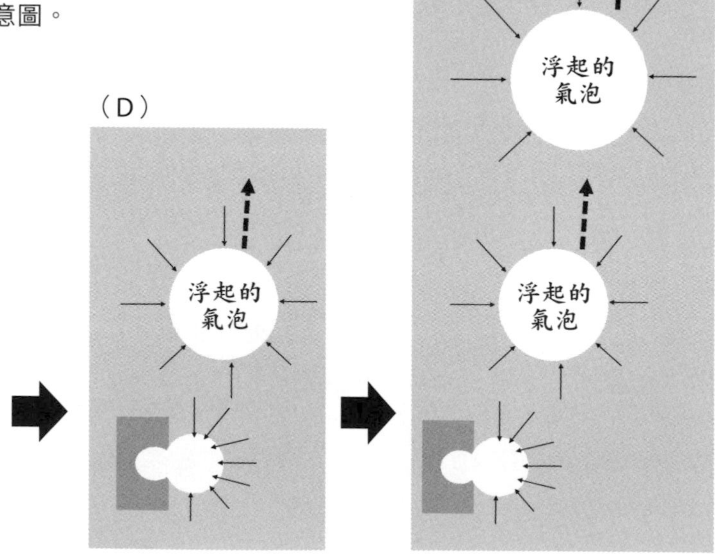

撰寫科學報告

一、研究的歷程與科學報告的內容順序無關

科學研究歷程包含觀察現象、提出研究主題、設計實驗、執行實驗、數據整理、文獻閱讀等過程，但這些過程的發生順序並無一定的規則。科學研究歷程的常見模式，包含但不僅有以下幾種順序：

（一）形成問題 → 設計實驗 → 整理實驗結果 → 解釋實驗結果。

（二）先前探索 → 產生研究問題 → 建構理論模型 → 提出理論假設 → 預期可能結果 → 實驗規劃與實施 → 提出研究結果 → 形成結論 → 呈現結果與分享。

（三）形成問題 → 閱讀背景知識的資料 → 提出假設 → 設計實驗 → 實驗分析 → 結果討論 → 結論與報告。

雖然科學研究的歷程因人而異，但撰寫科學報告卻有一定的規則，這些規則是科學家在投稿專業科學期刊時必須遵守的，而一般撰寫科學報告，或是參加科展時撰寫科展說明書等，多須遵守科學報告的撰寫規則。科學報告包含哪些內容？其撰寫規則包含哪些呢？

二、科學報告的內容

科學文章的內容會依據投稿的目的與對象等而有不同。以碩、博士論文所包含的內容最為完整，完整的科學報告內容包含：標題、作者、摘要（含

關鍵字)、目錄、內文、誌謝、結論、參考資料等,其中內文是最主要的內容,包含了:前言(緒論)、材料與方法、結果、討論等。

而在一般的科學報告中(投稿期刊、科展說明書等),通常不需要撰寫目錄與誌謝,科展比賽為了維持公平性,也不能呈現作者與就讀學校/服務單位。因此撰寫科學報告最重要的內容包含摘要、前言、材料與方法、結果、討論、結論、參考資料。以下說明各段落的撰寫主軸與內容:

(一) 摘要

摘要常是獨立存在的,內容是全篇科學報告的濃縮大意,能使讀者光是閱讀摘要,就大致知悉此科學報告的大致架構與結論。因此,一般是全篇科學報告撰寫完成後,再將其精要的內容獨立整理成一至兩段的摘要。

摘要常有字數限制,就是希望能用簡短的字句介紹重要主軸,而不應囉嗦繁瑣,如此才能讓讀者在最短的時間獲得此科學報告的重要資訊。

摘要既然是全篇科學報告的濃縮,因此科學報告本文中的前言、材料與方法、結果與討論等章節,皆須呈現在摘要中,可能每章節僅用幾句話陳述,但「結果」的內容應最為豐富。

(二) 前言

前言在於陳述研究背景,讓讀者知道作者要解決的問題為何?目前科學家對此問題已經瞭解到什麼程度?為何需要做這個研究?這個研究的意義與應用可能有哪些?要陳述以上的內容,非常依賴對於前人相關研究的成果介紹,因此查詢參考文獻並經整理後,需引用足夠的前人研究成果,才能引出本科學研究需要解決的問題,與此問題的重要性,這樣的工作稱為「文獻探討」或「文獻回顧」。換句話說,在「前言」這一章節,就是透過文獻探討介紹科學家目前的研究進展,提出作者想要解決的問題,並說明此問題的重要性。介紹研究主題目前的研究進展，可包含相關議題、實驗方法、實驗材料（如實驗動物）、各研究成果的比對等相關資料。

許多科展說明書有「研究動機」與「研究目的」等章節，許多作者的「研究動機」是描述如何得知這個研究主題，例如：我的阿嬤曾告訴我什麼現象、老師上課時曾介紹哪個原理；或是描述本身對此議題的關注與興趣，例如：老鼠很可愛，我對老鼠的行為很有興趣之類。但這些都不是科學報告需要陳述的，而應該聚焦在該研究主題在科學研究中，目前的進展與待解決的問題，所以「研究動機」應該是要陳述「文獻探討」，而「研究目的」應該是要陳述透過此研究，你打算解決哪些問題。

「研究動機」和「研究目的」都屬於「前言」這一章節的內容，也就是介紹研究主題的科學背景。有時「前言」中會將「文獻探討」與「研究目的」分開成兩小節，但也有的科學報告僅有「前言」單一標題。

（三）材料與方法

本章節包含「材料」與「方法」兩部分。「材料」陳述實驗所使用的各種器材、藥品、儀器等，若是生物實驗還須說明實驗對象（實驗的動物、植物或微生物等）。這些內容皆須說明其品項名稱、規格（如：大小、型號等）、來源（如：販售的公司名稱、取得的來源等），若有使用實驗生物，也須說明其學名、品種、來源、飼養方式、個體特徵（如性別或年齡）等資訊。「方法」須陳述實驗設計、操作過程、數據的量化方式、數據的整理方式等。

本章節的目的，在於讓讀者得知作者是如何設計實驗、如何進行實驗、如何獲得實驗數據與如何處理實驗數據的。若讀者有興趣，可依照本章節的介紹重複實驗，驗證實驗數據是否如作者所陳述的那樣。

同樣的實驗對象，透過同樣的實驗設計與實驗操作，應該會獲得一樣的實驗結果，這個現象稱為「再現性」。科學研究非常重視再現性，如此才能確認實驗結果是穩定的、真實的。科學報告陳述實驗材料、設計、操作、數據收集、數據處理的過程，就是為了讓其他科學家可依照同樣的操作步驟，驗證是否可得出同樣的實驗結果，進行「再現性」檢定。

（四）結果

本章節呈現實驗所收集、測量的數據資料，這些質性或量化的資料都須經過適當整理，以清楚易懂的方式呈現，使讀者可容易檢視實驗結果的規則與趨勢。實驗結果常以圖形或表格的形式呈現，但須注意，圖形或表格僅是輔助實驗結果的說明，不能取代作為「結果」這個章節的本文，而應以文字段落描述實驗結果，另以圖表輔助說明，並且在本文中描述特定的圖或表時，在描述的句子後以括弧標註所描述的圖或表，例如：「以不同糖類成分調配的糖水（表四），在餵食蟑螂後心跳率會增加（圖三）」這樣的文字描述。

圖與表的呈現方式也有一定的格式。圖說與表說分別是描述圖形與表格內容的相關說明，包含數據的呈現方式、取樣數、記號的意義、縮寫的全名等；圖說與表說會依據在科學報告中的順序分別編號（圖與表分開編號），且圖說位於圖的下方，而表說位於表的上方。若是圖形或表格中有引用他人的資料，必須於圖說或表說中說明文獻的出處。

科學報告中的圖形與表格非常重要，讀者能透過閱讀圖說與檢視圖形，或透過閱讀表說與檢視表格，就能獲得研究結果的重要規則、趨勢或結論。圖形與表格（含圖說與表說）若清楚明瞭，會大幅提升此科學報告的品質。

特別注意，「結果」這一章節僅能陳述實驗的數據與收集的資料等客觀證據，不能加入作者的詮釋或主觀意見。若作者對於實驗結果有所詮釋、說明、推論等，只能於「討論」章節中陳述。

（五）討論

本章節的內容是依據前述的實驗結果，詮釋所發現的新現象、證據、機制等的意義與可能的應用。為了完整地詮釋實驗發現，常需與前人的研究成果進行比對，方可比較不同處的原因與意義，或是以與前人相同之處支持自己的數據與理論。

若在科展說明書中，此章節的目標在於凸顯本研究的主軸與特色，陳述本研究的方法、發現、理論或結論等的獨創性與價值。

（六）結論

若一篇科學報告中已有「摘要」，通常就不需要撰寫「結論」了，兩者的功能非常相似，皆是為了讓讀者在最短的時間內掌握重點。

在科展說明書中，常常同時包含「摘要」與「結論」，「摘要」一般置於全篇本文之前，而「結論」一般放置在「討論」之後，「參考文獻」之前。若一篇科學報告（如科展說明書）同時含有「摘要」與「結論」，「摘要」會以 1 至 2 段的文字段落來描述呈現，而「結論」會以條列式的方式，列點舉出本研究的重要發現與成果，其功能在於歸納本研究的重要結論。

（七）參考資料

所有在科學報告中引用的文獻資料，都應將完整的文獻資訊列在此章節。一般所引用的文獻資料為書籍、科普期刊或學術期刊，偶而會有新聞報導與網站資料，各種參考的資料類型各應儘量列出以下資訊（若某些資訊無法得知，可列「不詳」）：

1. 書籍類：作者、出版年份、書籍名稱、出版地點及出版者。
2. 科普期刊或學術期刊：作者、刊登年份、文章／論文篇名、期刊名稱、期數與卷數，頁數範圍。

3. 新聞報導：記者姓名、刊登日期、報導篇名、媒體名稱、其他資訊（如第幾版、網址等）
4. 網站資料：作者、發表日期、文章篇名、平台名稱、索引日期（何時看到這個網站資料的？）、引用網址等。

一般而言，科學報告僅會引用學術期刊與科學書籍的資料，其他類型的資料含有錯誤內容的機率較高。是否要引用某個資料？判斷的原則就是「沒人背書就不可信！」，也就是所引用的資料需含有作者與出版社等資訊，如此讀者可由作者與出版社等資訊判斷資料來源的可信度夠不夠高；若由出版社出版的刊物通常經過專家審查，若資料沒有經過專家的審查，就會被認定為專業性與可信度不高的資料，最好不要引用。

在科展說明書中，常常會引用其他的科展作品，這類的文獻資料較少出現在一般的科學報告，除非該研究正式發表於學術期刊或科普期刊，引用時就會引用已正式發表的文獻資料。若在科展說明書中需引用之前科展競賽的科展說明書，其格式如下：

5. 科展說明書：作者、比賽年代、作品名稱、參加的科展競賽（包含第幾屆的何項科展競賽、組別、科別）、獲獎名次。

三、課後探究練習

當你熟悉了科學報告的撰寫原則，你可以到國立臺灣科學教育館的網站上，搜尋與下載你有興趣的科展說明書，仔細閱讀、比對一番。這篇報告是否有符合上述的科學報告撰寫原則？若你經過實驗設計與操作，也收集了足夠多的創新發現，你也可以依據你所學的撰寫原則，寫一篇科學報告吧！

earth 021

動手做科學探究

輕鬆運用生活中的材料，培養提問、設計實驗、邏輯思辨與表達能力

作　　者　蔡任圃
企畫選書　辜雅穗
責任編輯　辜雅穗
總 編 輯　辜雅穗
總 經 理　黃淑貞
發 行 人　何飛鵬
法律顧問　台英國際商務法律事務所　羅明通律師
出　　版　紅樹林出版
臺北市中山區民生東路二段 141 號 7 樓
電話：(02) 2500-7008　傳真：(02) 2500-2648
發　　行　英屬蓋曼群島商家庭傳媒股份有限公司城邦分公司
聯絡地址：台北市中山區民生東路二段 141 號 2 樓
書虫客服服務專線：(02) 25007718・(02) 25007719
24 小時傳真服務：(02) 25001990・(02) 25001991
服務時間：週一至週五 09:30-12:00・13:30-17:00
郵撥帳號：19863813　戶名：書虫股份有限公司
讀者服務信箱 email：service@readingclub.com.tw
城邦讀書花園：www.cite.com.tw
香港發行所　城邦（香港）出版集團有限公司
地址：香港灣仔駱克道 193 號東超商業中心 1 樓
email：hkcite@biznetvigator.com
電話：(852)25086231　傳真：(852) 25789337
馬新發行所　城邦（馬新）出版集團 Cité(M)Sdn. Bhd.
41, Jalan Radin Anum, Bandar Baru Sri Petaling, 57000 Kuala Lumpur, Malaysia.
Tel:(603)90563833 Fax:(603)90576622 Email:services@cite.my
封面設計　李東記
內頁排版　葉若蒂
印　　刷　卡樂彩色製版印刷有限公司
經 銷 商　聯合發行股份有限公司
電話：(02)291780225　傳真：(02)29110053

2022 年 11 月初版　Printed in Taiwan
定價 620 元　ISBN 978-626-96059-3-4

國家圖書館出版品預行編目 (CIP) 資料

動手做科學探究 / 蔡任圃著 . -- 初版 . -- 臺北市：紅樹林出版：英屬蓋曼群島商家庭傳媒股份有限公司城邦分公司發行, 2022.11　312 面 ; 17*23 公分 . -- (earth ; 21)
ISBN 978-626-96059-3-4(平裝)

1.CST: 科學教育 2.CST: 科學實驗

303　111015181